国家级一流本科专业建设点配套教材

设计学方法与实践 ⊙ **产品设计系列**

陈文雯　主编

产品数字化创意表达

Photoshop
+
CorelDRAW

PRODUCT
RENDERING

U0231546

头戴式耳麦效果图的表现
单反相机效果图的表现
游戏手柄效果图的表现
耳机效果图的表现
鼠标效果图的表现
电钻效果图的表现
跑车效果图的表现

化学工业出版社

·北京·

内容简介

本书主要讲解如何运用Photoshop和CorelDRAW两个二维计算机辅助软件来进行产品数字化创意表达。首先简要介绍计算机辅助设计的相关内容；其次针对Photoshop和CorelDRAW两个软件详细讲解其特点、常用工具和基本操作；最后，选择多个典型产品案例，由浅入深地讲解如何运用Photoshop和CorelDRAW对产品进行形态绘制、添加色彩以及质感表现等。力求读者能从易到难地掌握关键点和难点，灵活运用。

本书主要面向高校工业设计及产品设计专业的学生，从事产品设计工作的相关人员，产品设计爱好者也可参考，还可作为相关培训机构的教材。

图书在版编目（CIP）数据

产品数字化创意表达：Photoshop+CorelDRAW／陈文雯主编. -- 北京：化学工业出版社，2024.2
（设计学方法与实践. 产品设计系列）
ISBN 978-7-122-44554-4

Ⅰ. ①产…　Ⅱ. ①陈…　Ⅲ. ①产品设计－图像处理软件－高等学校－教材　Ⅳ. ①TB472-39②TP391.413

中国国家版本馆CIP数据核字（2023）第233539号

责任编辑：孙梅戈　　　　　　　　　　文字编辑：冯国庆
责任校对：李露洁　　　　　　　　　　装帧设计：韩　飞

出版发行：化学工业出版社（北京市东城区青年湖南街13号　邮政编码100011）
印　　装：北京瑞禾彩色印刷有限公司
710mm×1000mm　1/16　印张17　字数372千字　2024年3月北京第1版第1次印刷

购书咨询：010-64518888　　　　售后服务：010-64518899
网　　址：http://www.cip.com.cn
凡购买本书，如有缺损质量问题，本社销售中心负责调换。

定　　价：79.80元　　　　　　　　　　　　版权所有　违者必究

前言

产品数字化创意表达主要讲解 Photoshop 和 CorelDRAW 两个二维计算机辅助软件在产品设计中的应用。计算机辅助设计是工业设计及产品设计专业学生和从业人员必须掌握的基本技能，特别是在低年级的学习中，很多学生还未掌握利用草图进行深入设计的能力，不能准确表达产品的形态、色彩和材质。计算机辅助设计与手绘图相比具有透视准确、材料质感逼真、可随意调换视角、可多次反复修改等优点，学生利用二维计算机软件制图来弥补手绘的不足，完成产品在造型、材质、光影等方面的创意表达，为后续的专业学习打下良好的基础。在软件的学习中也同样可以启发学生和设计师的设计理念，学习运用 Photoshop 和 CorelDRAW 中的工具及特效时常常会产生意想不到的效果，使学生和设计师从中产生兴趣并获得创新思维的灵感，从而设计出新颖且具有特色的作品。

本书分为两大部分，共 10 章内容，具体介绍如下。

第 1 章～第 3 章为第一部分，介绍数字化创意表达的理论知识。第 1 章主要讲解了 Photoshop 和 CorelDRAW 的发展、作用、特点优势及图像模式的基础知识；第 2 章和第 3 章讲解了 Photoshop 和 CorelDRAW 的基础知识，包括软件界面、面板、常用工具和基本操作命令等内容。第 4 章～第 10 章为第二部分，结合大量实践案例，全面而详细地讲解了用不同的表现方法表现产品的质感和细节。实践案例典型而丰富，有造型简单的消费电子产品，形态复杂的工具类产品，还有曲面流畅的交通工具。由浅入深地讲解了如何运用 Photoshop 和 CorelDRAW 对产品形态进行构建，如何准确表达产品的材质和细节；培养读者对产品明暗关系、光影的理解及读者自身的观察力、造型力和表现力。力求读者能从易到难，举一反三，掌握关键点和难点。从这些案例的学习中，读者能够掌握大多数工具命令的使用方法、制图的思路和效果表现的具体流程，灵活运用二维软件进行产品创意表达。本书提供了丰富的配套学习资源，以便读者更高效地学习并熟练掌握两种软件的操作方法。

本书得到西华大学国家一流本科专业（产品设计）、四川省普通高校应用型本科示范专业（产品设计）、四川省普通高校应用型本科示范课程（产品数字化展示）、西华大学线上线下混合式一流课程（产品数字化展示）专业及课程建设项目、四川省 2021～2023 年高等教育人才培养质量和教学改革项目（JG 2021-919）、2021 年西华大学校级教育教学改革重点项目（xjjg2021102）的资助与支持。

本书由陈文雯主编，四川工程职业技术大学的冉秋艺参编。感谢刘东波、代宇、张宇儒、张乐融、陈怡冰同学在本书的编写过程中所做的资料整理工作。真诚地感谢在本书编写过程中提供支持和帮助的同仁们。

由于笔者水平有限，书中难免存在不足和疏漏之处，敬请广大读者批评指正。

陈文雯

2023年10月

2.1.6 状态栏 ———————————— 11

2.2 Photoshop 的基本操作介绍————11

2.2.1 文件基本操作 ———————— 11

2.2.2 图像编辑基本操作 —————— 11

2.2.3 图像选区的基本操作 ————— 12

2.2.4 颜色的调整 ————————— 12

2.2.5 绘制工具和颜色填充的基本操作 — 12

2.2.6 修复和润饰工具的基本操作 —— 13

2.2.7 图层的基本操作 —————— 13

2.2.8 路径的基本操作 —————— 14

2.2.9 蒙版和通道的基本操作 ———— 14

2.2.10 滤镜的基本操作 —————— 14

第1章　二维计算机辅助软件概述

1.1 Photoshop 软件概述 ————— 2

1.2 CorelDRAW 软件概述 ———— 3

1.3 图像模式概述————————— 4

1.4 二维计算机辅助软件的作用——— 5

第3章　CorelDRAW 的基础知识

3.1 CorelDRAW 的基本界面——— 16

3.1.1 标题栏 ——————————— 16

3.1.2 菜单栏 ——————————— 16

3.1.3 常用工具栏 ————————— 17

3.1.4 工具箱 ——————————— 17

3.1.5 属性栏 ——————————— 17

3.1.6 调色板 ——————————— 18

3.1.7 页面导航器 ————————— 18

3.1.8 状态栏 ——————————— 18

3.2 CorelDRAW 的基本操作介绍 —— 19

3.2.1 文件基本操作 ———————— 19

3.2.2 页面设置和辅助工具 ————— 19

3.2.3 基础图形绘制的基本操作 ——— 19

3.2.4 手绘工具的基本操作 ————— 20

第2章　Photoshop 的基础知识

2.1 Photoshop 的基本界面 ———— 8

2.1.1 菜单栏 ——————————— 8

2.1.2 工具箱 ——————————— 8

2.1.3 属性栏 ——————————— 9

2.1.4 颜色面板 —————————— 10

2.1.5 面板组 ——————————— 10

3.2.5 组织和控制对象的基本操作 —————— 21

3.2.6 编辑对象的基本操作 ———————— 21

3.2.7 颜色工具的基本操作 ———————— 22

3.2.8 阴影工具的基本操作 ———————— 22

4

第 4 章 头戴式耳麦效果图的表现

4.1 绘制头戴式耳麦的基本轮廓图—— 24

4.2 海绵耳套材质和细节表现———— 24

4.3 塑料耳壳材质和细节表现———— 28

4.4 金属耳罩材质和细节表现———— 29

4.5 高反光塑料伸缩构件材质和
细节表现 ———————— 33

4.6 塑料线管材质和细节表现———— 38

4.7 塑料拉条材质和细节表现———— 39

4.8 麦克风材质和细节表现———— 40

5

第 5 章 单反相机效果图的表现

5.1 绘制单反相机的基本轮廓图—— 48

5.2 相机机身材质和细节表现———— 48

5.3 相机快门材质和细节表现———— 51

5.4 相机肩屏材质和细节表现————— 54

5.5 相机取景器材质和细节表现 —— 56

5.6 相机热靴材质和细节表现————— 57

5.7 相机拍摄区域材质和细节表现—— 59

5.8 相机镜头的材质和细节表现——— 60

5.8.1 相机镜头颜色及材质表现 ——— 60

5.8.2 相机镜面颜色及材质表现 ——— 70

5.9 相机皮革暗纹材质和细节表现 — 72

5.10 相机手柄区域细节表现 ——— 73

5.11 相机闪光灯的材质和细节表现 — 75

5.12 相机镜头释放按钮的材质和
细节表现 ——————— 76

5.13 相机旋钮的材质和细节表现 —— 78

6

第 6 章 游戏手柄效果图的表现

6.1 绘制游戏手柄的基本轮廓图——— 82

6.2 游戏手柄主体材质和细节表现—— 83

6.3 方向按钮材质和细节表现———— 87

6.4 触摸板材质和细节表现———— 90

6.5 功能按钮材质和细节表现———— 91

6.6 操纵杆材质和细节表现———— 92

6.7 HOME 按钮材质和细节表现 —— 97

6.8 音孔材质和细节表现———— 99

第7章 耳机效果图的表现

7.1 绘制耳机的基本轮廓图 ———— **104**

7.2 耳机腔体材质和细节表现———— **104**

7.2.1 耳机腔体颜色及材质表现 ———— 104

7.2.2 腔体部件材质及细节表现 ———— 105

7.3 耳机耳塞材质和细节表现———— **107**

7.3.1 耳塞主体颜色及材质表现 ———— 107

7.3.2 耳塞部件材质及细节表现 ———— 108

7.4 耳机后壳材质和细节表现———— **111**

7.4.1 后壳颜色及材质表现 ———— 111

7.4.2 后壳部件材质及细节表现 ———— 111

7.5 耳机后盖材质和细节表现———— **112**

7.5.1 后盖主体颜色及材质表现 ———— 113

7.5.2 后盖部件材质及细节表现 ———— 113

7.6 耳机接头材质和细节表现———— **116**

7.6.1 接头主体颜色及材质表现 ———— 116

7.6.2 接头部件材质及细节表现 ———— 117

7.7 耳机套管材质和细节表现———— **119**

7.7.1 套管颜色及材质表现 ———— 119

7.7.2 套管部件材质及细节表现 ———— 120

第8章 鼠标效果图的表现

8.1 绘制鼠标正面的基本轮廓图———— **124**

8.2 鼠标底座材质和细节表现———— **124**

8.2.1 底座颜色及材质表现 ———— 125

8.2.2 底座部件材质及细节表现 ———— 126

8.3 鼠标主体材质和细节表现———— **129**

8.3.1 鼠标主体颜色及材质表现 ———— 130

8.3.2 主体部件材质及细节表现 ———— 131

8.4 鼠标按键材质和细节表现———— **135**

8.4.1 鼠标左右按键的材质和细节表现 — 136

8.4.2 鼠标滚轮中键的材质和细节表现 — 138

8.4.3 鼠标DPI循环键和切换配置文件键的

    材质及细节表现 ———————— 140

8.5 鼠标插线部分材质和细节表现 —146

8.6 绘制鼠标侧面的基本轮廓图 —151

8.7 鼠标侧面主体材质和细节表现——151

8.7.1 鼠标侧面主体颜色及材质表现 — 151

8.7.2 侧面主体部件材质及细节表现 — 153

8.8 鼠标侧面底部材质和细节表现 —159

8.9 鼠标侧面外壳材质和细节表现 —160

8.10 鼠标侧面按键材质和细节表现 —161

8.11 鼠标插线部分材质和细节表现 —164

第 9 章 电钻效果图的表现

9.1 绘制电钻的基本轮廓图 ————— 172

9.2 电钻手柄材质和细节表现————— 173

9.2.1 手柄主体颜色及材质表现 ——— 173

9.2.2 手柄部件材质及细节表现 ——— 174

9.3 电钻电机外壳材质和细节表现—— 182

9.4 电钻机体材质和细节表现————— 186

9.5 电钻钻头材质和细节表现————— 188

9.5.1 扭矩调节部件颜色及材质表现 —— 189

9.5.2 钻头部件颜色及材质表现 ——— 192

9.5.3 夹头部件颜色及材质表现 ——— 194

9.6 调速开关材质和细节表现————— 197

第 10 章 跑车效果图的表现

10.1 绘制跑车的基本轮廓图 ————— 202

10.2 跑车车体材质和细节表现 ——— 203

10.3 跑车前车窗的材质和细节表现 — 205

10.3.1 前车窗颜色及材质表现 ——— 205

10.3.2 前车窗反光效果表现 ——— 206

10.4 跑车侧面车窗材质和细节表现 — 208

10.5 跑车上车体反光效果表现 ——— 210

10.6 跑车后视镜材质和细节表现 ——— 214

10.7 上车体侧面材质和细节表现 ——— 219

10.8 跑车前脸材质和细节表现 ——— 222

10.8.1 跑车前脸颜色及材质表现 ——— 222

10.8.2 前脸部件材质及细节表现 ——— 225

10.9 跑车车灯材质和细节表现 ——— 236

10.9.1 跑车车灯颜色及材质表现 ——— 237

10.9.2 车灯部件材质及细节表现 ——— 241

10.10 跑车轮胎材质和细节表现 ——— 253

10.10.1 跑车轮胎颜色及材质表现 ——— 253

10.10.2 轮毂部件材质及细节表现 ——— 257

Contents

1

第1章 二维计算机辅助软件概述

1.1 Photoshop 软件概述

1.2 CorelDRAW 软件概述

1.3 图像模式概述

1.4 二维计算机辅助软件的作用

计算机辅助设计（Computer Aided Design，CAD），是利用计算机快速的数值计算和强大的图文处理功能，辅助工程技术人员进行产品设计、工程绘图和数据管理的一门计算机应用技术，是计算机科学技术发展和应用中的一门重要技术。CAD的涵盖范围很广，其涉及对象最初包括两大类：一类是机械、电子、汽车、航天、农业、轻工和纺织产品等；另一类是工程设计产品等，如工程建筑。如今，CAD技术的应用范围已经延伸到艺术等各行各业，如电影、动画、广告、娱乐和多媒体仿真等都属于CAD范畴。目前比较常用的二维计算机辅助设计有两种：一种是基于位图处理的绘图软件，如Photoshop、Painter、Fireworks等；另一种是基于矢量图的绘图软件，如CorelDRAW、Illustrator、Inkscape等。本书中二维计算机辅助软件使用Photoshop和CorelDRAW，下面对两个软件进行介绍。

1.1 Photoshop 软件概述

Photoshop，简称"PS"，是由Adobe Systems开发和发行的图像处理软件。Photoshop主要处理以像素构成的数字图像，使用其众多的编修与绘图工具，可以有效地进行图片编辑和创造工作。Photoshop在图像、图形、文字、视频、出版等各方面都有涉及。由像素构成的数字图像又叫位图或点阵图，图像由称为像素的单个点组成，这些点可以进行不同的排列和填色来构成图像，组成图像的每一个像素都拥有自己的位置、亮度和大小等。将位图放大到一定程度的时候，图像就会出现锯齿状的马赛克，一个一个的马赛克方块被称为像素点，如图1-1所示。像素点的多少决定了位图的清晰度和大小，单位面积中的像素越多，分辨率就越高，图像就越清晰，但是所占用的储存空间也越大。常见的位图格式有PSD、BMP、PDF、JPEG、GIF等，其中PSD是Photoshop的专用格式，能够存储图层、通道、蒙版、颜色模式等信息。目前，最新版本的Photoshop

图1-1

增加了三款神经元网络滤镜，分别为协调、颜色转移和风景混合器，并改进了Illustrator与Photoshop之间的互操作性。Photoshop的重点应用在于对图像的处理加工，表现图像中的阴影和色彩的细微变化，或者进行一些特殊效果处理，它在这方面的优点是矢量图形绘图软件无法比拟的，但是分辨率大、清晰度高的文件占用内存空间较大。

1.2　CorelDRAW 软件概述

CorelDRAW是加拿大Corel公司的平面设计软件，该软件是Corel公司出品的矢量图形制作软件，CorelDRAW给设计师提供了矢量动画、页面设计、网站制作、位图编辑和网页动画等多种功能。矢量图的图形元素被称为对象，如点、线、矩形、多边形、圆和弧线，它们具有各自的形状、轮廓、大小、颜色等属性，每一个对象都是独立的实体。由于构成矢量图的每个对象都是一个独立的实体，所以矢量图和位图不同，其清晰度与分辨率大小无关。对矢量图进行无限放大时，它的清晰度不会发生改变，也不会产生像位图放大时的锯齿马赛克情况，如图1-2所示。常见的矢量图格式有CDR、AI、WMF、EPS、BW、COL等。其中CDR格式是CorelDRAW的专用图形文件格式。目前，CorelDRAW新增了多个实用功能，体现在机器学习、协作、性能、版式及用户启发的增强功能，配备了使用机器学习模型和人工智能的功能，能拓展使用者的设计能力并加快工作流程的速度。CorelDRAW文件占用内存空间较小，提供的智慧型绘图工具以及新的动态向导可以充分降低用户的操控难度，用户更加容易精确地创建物体的尺寸和位置，减少点击步骤，节省设计时间。CorelDRAW默认的颜色模式是CMYK，得到的打印或印刷成品与原作品色差较小，缺点是难以表现丰富的色彩层次及特殊效果。

图1-2

1.3 图像模式概述

Photoshop和CoreIDRAW都具有强大的图像处理功能，而对颜色的处理则是它们强大功能不可缺少的一部分。两个软件常用的图像模式有RGB、CMYK、Lab、灰度等。

（1）RGB模式

RGB模式是指由红、绿、蓝相叠加形成其他颜色，因此也被称为加色模式。以Photoshop里的通道为例，每一种原色将单独形成一个色彩通道，由0~255数值表示亮度，三个单色通道组合成一个复合通道——RGB通道，图像各部分的色彩均由RGB三个色彩通道上的数值决定。就编辑图像来说，RGB色彩模式是首选的色彩模式，Photoshop中所有图像编辑的命令都可在RGB模式下执行，三个通道最多可以提供1670万种颜色，足以将图像显示得淋漓尽致。

虽然编辑图像时RGB色彩模式是首选的色彩模式，但是在打印或印刷中RGB模式就不是最佳选择了，因为打印或印刷所用的是CMYK模式，RGB模式所提供的有些色彩已经超出了印刷色彩范围，所以在印刷一幅真彩的图像时，系统会自动将RGB模式转化为CMYK模式，就会不可避免地损失一部分色彩和减轻一定的亮度，造成失真的情况。

（2）CMYK模式

CMYK是一种基于印刷处理的颜色模式，C代表青色，M代表洋红色，Y代表黄色，K代表黑色。由于CMYK在混合时，随着C、M、Y、K四种成分的增多，反射到人眼的光会越来越少，光线的亮度会越来越低，因此CMYK模式也被称为减色模式。CoreIDRAW软件默认的颜色模式是CMYK，就打印或印刷来说，CMYK模式是最佳的色彩模式。

（3）Lab模式

Lab模式由一个发光率（Luminance）和两个颜色轴（a，b）组成。它由颜色轴所构成的平面上的环形线来表示色的变化，其中径向表示色饱和度的变化，自内向外，饱和度逐渐增高；圆周方向表示色调的变化，每个圆周形成一个色环；而不同的发光率表示不同的亮度并对应不同环形颜色变化线。其中a表示从红色至绿色的范围，b表示从黄色至蓝色的范围。Lab模式下的图像是独立于设备之外的，它的颜色不会因为印刷设备、显示器和操作平台发生改变。

（4）灰度模式

灰度模式的色彩效果就像具有灰色层次的黑白照片，灰度模式可以使用多达256级灰度来表现图像，使图像的过渡平滑细腻。常用的灰度模式是8位，即256种灰度颜色。

（5）多通道模式

多通道模式对有特殊打印要求的图像非常有用，包括8位/通道、16位/通道、32位/通道模式。对于各多通道模式，在图像质量上本身没有太大变化，只是通道越多，图像越大，色彩细节越多，所占用内存相对越大。比如8位/通道中包含256个色阶，如果增到16位，每个通道的色阶数量为65536个，这样能得到更多的色彩细节，但文件大小也会增大。Photoshop中对于16位/通道模式的图像有所限制，滤镜不能使用，另外16位/通道模式的图像不能被印刷。

（6）位图模式

位图模式用两种颜色（黑和白）来表示图像中的像素。位图模式的图像也称为黑白图像。由于位图模式只用黑白两色来表示图像的像素，在将图像转换为位图模式时会丢失大量细节，因此Photoshop提供了几种算法来模拟图像中丢失的细节。在宽度、高度和分辨率相同的情况下，位图模式的图像尺寸最小，约为灰度模式的1/7和RGB模式的1/22以下。

（7）索引模式

索引模式是网上和动画中常用的图像模式，当彩色图像转换为索引颜色的图像后包含近256种颜色。索引颜色图像包含一个颜色表。如果原图像中颜色不能用256色表现，则Photoshop会从可使用的颜色中选出最相近的颜色来模拟这些颜色，这样可以减小图像文件的尺寸。用来存放图像中的颜色并为这些颜色建立颜色索引，颜色表可在转换的过程中定义或在生成索引图像后修改。

（8）双色调模式

双色调模式采用2~4种彩色油墨创建不同的色调组合，由双色调（两种颜色）、三色调（三种颜色）和四色调（四种颜色）混合其色阶来组成图像。在将灰度图像转换为双色调模式的过程中，可以对色调进行编辑，产生特殊的效果。而使用双色调模式最主要的用途是使用尽量少的颜色表现尽量多的颜色层次，这对于降低印刷成本是很重要的，因为在印刷时，每增加一种色调都需要更高的成本。

1.4　二维计算机辅助软件的作用

工业设计的对象是批量生产的产品，设计是设计师凭借训练、技术知识、经验以及视觉感受而进行的，以赋予产品材料、结构、形态、色彩、表面加工及装饰新的品质。在进行产品设计的时候，除了要开发和设计符合市场的新产品，设计的产品还要符合人－机的工作和生活环境，也要促进科学、技术、艺术、经济间的横向结合，将方案转换为实际的产品。另外，还要提升产品形象，提高企业效益，增强企业竞争力。总体来说，产品设计就是一个规划设想和解决问题的过程，目的是通过产品的载体创造一种美好的形态来满足人的物质或精神的需要。

形象的构成是产品设计的主要内容之一，设计师往往首先在脑子里形成各种想法，然后借助文字、语言、手绘、计算机进行表达。手绘是二维计算机辅助软件绘制表达的前提，也是使用计算机软件绘制表现的基础辅助。手绘以直接快速的表现方式，迅速将创意呈现在纸上，借此进一步推敲研究，为使用计算机软件绘制效果打下基础，在二维计算机辅助软件的过程中，手绘可以提供帮助，起到辅助性的作用。手绘虽然快速，但在效果方面不及计算机辅助软件绘制的方案逼真，能够更加直观地看到所设计的内容是否满足设计者、客户或决策者的需要。使用二维计算机辅助软件绘制，可以方便合作者和参与者之间进行讨论及交流，根据需要能够不断地进行擦除、编辑和多次修改，有效提升绘制的效果和效率，手绘的修改则非常耗时耗力。此外，使用二维计算机辅助软件绘制能够激发设计师设计构思，产生创造性设计，其强大的图片处理和制作特殊效果的功能也能使方案更加生动，而手绘绘制的方式则很难实现。

二维计算机辅助软件是工业设计和产品设计专业学生，特别是低年级学生必须掌握的技能。二维计算机辅助软件与手绘方式相比具有透视准确、材料质感逼真、可随意调换视角、可多次反复修改等优点。学生可利用二维计算机辅助软件来弥补产品表现的不足，完成产品方案创意的表达，也可运用二维计算机辅助软件的图像处理技术和特效制作，使产品方案的表现效果更加丰富。在使用软件绘制产品的过程中，常用的工具和命令都相对比较简单，往往是不同工具互相配合，重复使用，所以需要更加细心和耐心。虽然是使用软件绘制产品，但是对于产品形态、色彩、质感的掌握是前提，这一点与手绘是一样的。此外，在操作过程中，读者可以借助快捷键去实现功能，在一定程度上，快捷键可以取代鼠标的操作，从而更加快速有效地绘制产品。Photoshop和CorelDRAW的操作命令及功能繁多，读者可以借助本书中制作案例的方法进行尝试和探索，以求达到灵活使用软件进行产品效果表现的目的。

第2章 Photoshop 的基础知识

2.1 Photoshop 的基本界面

2.2 Photoshop 的基本操作介绍

2.1 Photoshop 的基本界面

打开Photoshop软件，基本界面如图2-1所示，总共有7个主要区域，分别为菜单栏、属性栏、工具箱、图像编辑窗口、状态栏、颜色面板和面板组。

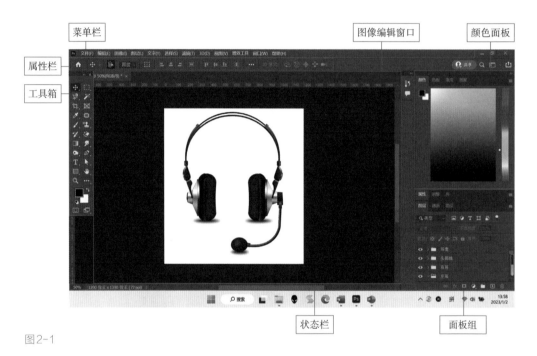

图2-1

2.1.1 菜单栏

位于界面顶端的是菜单栏，菜单栏包含了Photoshop可执行的命令，菜单栏如图2-2所示，总共排列了12个菜单命令，分别为文件、编辑、图像、图层、文字、选择、滤镜、3D、视图、增效工具、窗口和帮助，菜单命令的快捷键为Alt+括号内的字母。

| Ps | 文件(F) 编辑(E) 图像(I) 图层(L) 文字(Y) 选择(S) 滤镜(T) 3D(D) 视图(V) 增效工具 窗口(W) 帮助(H) |

图2-2

2.1.2 工具箱

工具箱中包含了Photoshop软件常用的工具，使用工具可以对图像进行操作，用鼠标单击工具图标按钮就可以调出相应工具。工具图标右下角的小三角形代表有隐藏的工具，使用鼠标左键长按或单击鼠标右键可调出隐藏工具。工具箱详细信息如图2-3所示。工具箱的快捷键为括号内的字母。

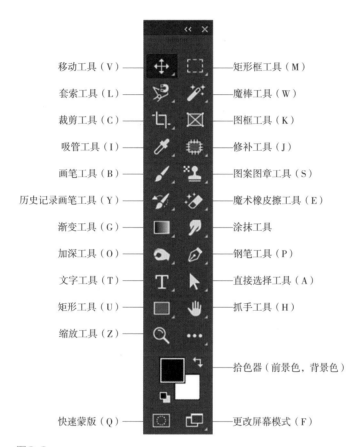

移动工具（V）——　——矩形框工具（M）
套索工具（L）——　——魔棒工具（W）
裁剪工具（C）——　——图框工具（K）
吸管工具（I）——　——修补工具（J）
画笔工具（B）——　——图案图章工具（S）
历史记录画笔工具（Y）——　——魔术橡皮擦工具（E）
渐变工具（G）——　——涂抹工具
加深工具（O）——　——钢笔工具（P）
文字工具（T）——　——直接选择工具（A）
矩形工具（U）——　——抓手工具（H）
缩放工具（Z）——　
　——拾色器（前景色，背景色）
快速蒙版（Q）——　——更改屏幕模式（F）

图2-3

2.1.3　属性栏

根据选择的工具，可以通过调整属性栏里各项参数来实现不同的效果。选择的工具不同，属性栏会显示不同的参数信息。如图2-4所示是画笔工具的属性栏，可选择画笔类型，改变画笔颜色，调整不透明度、流量、平滑度等参数。

图2-4

2.1.4 颜色面板

　　颜色面板位于界面右侧，用鼠标点击相应的颜色块可将该颜色块设为前景色，也可在"色板"面板中设置添加或删除颜色，先将此颜色设置为前景色，用鼠标单击"创建新色板"按钮，在打开的"色板名称"对话框中输入颜色名称，点击确定后即可将前景色中的颜色存储到色板中的颜色列表中去。颜色和色板的工作面板如图2-5所示。

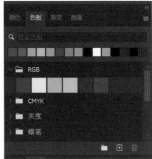

图2-5

2.1.5 面板组

　　面板组是用来设置属性、图层、路径等参数以及执行编辑命令的。面板默认以选项卡的形式成组出现，在"窗口"菜单中可以选择需要的面板将其打开或关闭，面板可以根据需要进行展开、折叠或自由组合，如图2-6所示。

　　图层是Photoshop中非常核心的功能之一，在图层面板里，可以对图层进行隐藏、显示、复制、分组等操作，也可以根据需要更改图层间的混合模式、设置图层样式、改变透明度等参数，达到不同的效果。如图2-7所示为图层面板详细信息介绍。

图2-6

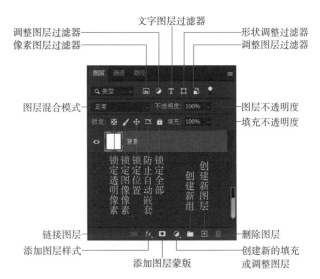

图2-7

2.1.6 状态栏

状态栏位于图像编辑窗口的底部，显示当前文件的缩放比例、文件大小以及使用的工具等参数信息，如图2-8所示。

50% | 1200 像素 × 1300 像素 (72 ppi)

图2-8

2.2 Photoshop 的基本操作介绍

2.2.1 文件基本操作

Photoshop的文件基本操作均可以通过菜单栏"文件"菜单中的相应菜单命令进行选择并执行，包括文件的新建、打开、存储、存储为、导入、导出等文件处理命令，如图2-9所示。还可以使用快捷键Ctrl+N打开"新建文档"对话框进行设置，打开文档的快捷键为Ctrl+O,保存文件的快捷键为Ctrl+S,存储为文件的快捷键为Shift+Ctrl+S。

2.2.2 图像编辑基本操作

在运用Photoshop进行绘制时，首先要掌握图像编辑的基本操作，即对图像大小和分辨率进行调整、复制、粘贴、自由变换、裁剪等操作。图像大小和分辨率的调整是执行菜单栏"图像"命令，选择"图像大小"和"画布大小"菜单命令来完成。自由变换是执行菜单栏"编辑"命令，选择"自由变化"菜单命令完成，也可以使用快捷键Ctrl+T,打开自由

图2-9

变化编辑框，拖曳控制手柄对图像进行变换操作，按回车键确定。另外，选择自由变化命令，单击鼠标右键，在弹出的菜单中可选择缩放、旋转、移动、扭曲、透视等命令对图像进行变换操作。复制图像的快捷键为Ctrl+C,粘贴图像的快捷键为Ctrl+V,剪切图像的快捷键为Ctrl+X。

2.2.3 图像选区的基本操作

在Photoshop中，选框工具分为规则选框工具和不规则选框工具两类。规则选框工具有矩形选框工具、椭圆选框工具、单行选框工具、单列选框工具，如图2-10所示；不规则选框工具有套索工具、多边形套索工具和磁性套索工具，如图2-11所示。按住Shift键，再点击鼠标左键并拖曳，可以拉出正圆或正方形选区。取消选区的快捷键为Ctrl+D，反选选区的快捷键为Ctrl+Shift+I。此外，还有创建快速选区的"对象选择工具""魔棒工具"和"快速选择工具"。建立选区后，可使用快捷键Alt+Delete填充选区前景色，用快捷键Ctrl+Delete填充选区背景色。

图2-10

图2-11

2.2.4 颜色的调整

颜色模式的转换通过菜单栏"图像"命令，选择"模式"菜单命令完成。调整图像明暗关系是对图像高光、中间调及暗部区域进行调整，选择"模式"菜单命令，选择下面的"亮度/对比度""色阶""曝光度""曲线"和"阴影/高光"命令执行。

调整图像色彩是对图像亮度及饱和度进行调整，选择"模式"菜单命令里面的"自然饱和度""色相/饱和度""色彩平衡""黑白""照片滤镜"和"通道混合器"选项完成。此外，Photoshop还能对图像的颜色进行特殊效果处理，包括"反相""色调分离""阈值""渐变映射"和"可选颜色"等命令。

2.2.5 绘制工具和颜色填充的基本操作

绘制工具包括"画笔工具""铅笔工具""颜色替换工具"和"混合器画笔工具"。用户可以根据自己的需要通过"画笔面板"设置笔触和画笔参数，在工具箱中选择"画笔工具"，再在选项栏中单击"切换画笔设置面板"按钮，打开"画笔"面板进行设置，如图2-12所示。

图2-12

颜色填充工具有"渐变工具""油漆桶工具"和"3D材质拖放工具"。其中"渐变工具"可以创建多种颜色的逐渐混合和过渡，常用的渐变工具有线性渐变、径向渐变、角度渐变、对称渐变和菱形渐变5种类型，如图2-13所示。

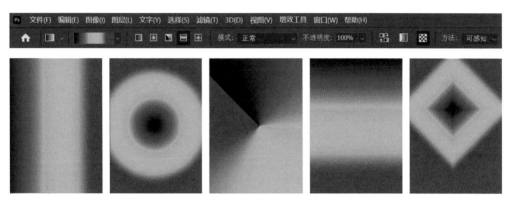

图2-13

2.2.6　修复和润饰工具的基本操作

利用Photoshop里的修复工具可以对图像缺陷和瑕疵进行修复，润饰工具可以对图像进行美化和修饰。图像修复工具包括"仿制图章工具""图案图章工具""污点修复画笔工具""修复画笔工具""修补工具""内容感知移动工具""红眼工具"。润饰工具包括"模糊工具""锐化工具""涂抹工具""减淡工具""加深工具"和"海绵工具"，利用润饰工具可以对图像明度和色彩进行修饰，还能制作一些特殊效果。此外，"历史记录画笔工具"能够针对图像局部恢复到最初状态；"历史记录艺术画笔工具"能够对图像局部进行特殊的艺术化处理。

2.2.7　图层的基本操作

图层面板中显示了当前文件包含的所有图层和图层组信息，应用图层面板的功能可以完成对图像的编辑，也能够有效地管理各个图层。图层的基本操作包括图层的新建、删除、隐藏、复制、合并、盖印、样式选择等。

图层的新建可以通过菜单栏"图层"命令，选择"新建"菜单命令完成，也可以通过图层面板的"创建新图层"按钮回和扩展按钮█执行，还可以使用快捷键Shift+Ctrl+N打开"新建图层"对话框进行图层的新建。在绘制或处理图像的过程中，会有大量的图层，在完成图像编辑后，可以通过合并或盖印的方式缩小图像文件的大小。需要注意的是，选择合并图层后，不能再对图层进行编辑，使用盖印后，生成所选图层的合并图层，不会影响原有图层，仍然能够对原有图层进行编辑。合并图层是在选中需要合并的图层后，使用快捷键 Ctrl+E；盖印图层是在选中需要盖印的图层后，使用快捷键 Ctrl+Alt+E，若使用快捷键 Ctrl+Shift+Alt+E 则可以对所有可见图层进行盖印操作。

2.2.8　路径的基本操作

路径面板和图层面板类似，通过路径面板可以实现路径的新建、删除、复制等操作。路径的绘制是通过基本形状工具和钢笔工具进行操作的，基本形状工具包括"矩形工具"以及在其隐藏下的"椭圆工具""三角形工具""多边形工具""直线工具"。使用"钢笔工具"及其隐藏选项下的添加、删除锚点、转换点工具，可以帮助用户更加灵活地绘制产品轮廓。需注意的是，路径工具属性栏"选择工具模式"有三种类型，分别为形状、路径和像素，通过设置不同的类型，可以创建形状图层、路径形状和使用前景色填充的像素图层，如图2-14所示。

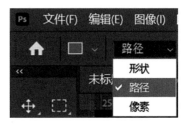

图2-14

2.2.9　蒙版和通道的基本操作

使用蒙版可以将图像中的局部区域进行显示和隐藏，不会影响原有图像，也能够使用蒙版创建选区。在蒙版中，黑色代表透明，白色代表不透明。蒙版分为4种类型，分别为图层蒙版、矢量蒙版、剪贴蒙版和快速蒙版。通道是以灰度图像的形式来存储图像的，通道分为复合通道、颜色通道、Alpha通道、专色通道和单色通道5类，运用通道，用户可以实现对通道色彩调整、建立选区、制作特殊效果等功能。

2.2.10　滤镜的基本操作

滤镜主要用于实现图像的各种特效，经常和图层、通道联合起来使用，为图像添加更丰富生动的艺术效果。Photoshop中的所有滤镜命令都是通过菜单栏"滤镜"命令，打开相应的滤镜对话框，根据用户的想法和需要，设置参数后，应用于图像。

第 3 章

CorelDRAW 的基础知识

3.1　CorelDRAW 的基本界面

3.2　CorelDRAW 的基本操作介绍

3.1 CorelDRAW 的基本界面

打开CorelDRAW软件，基本界面如图3-1所示，总共有9个主要区域，分别为标题栏、菜单栏、常用工具栏、属性栏、工具箱、绘图区域、页面导航器、状态栏和调色板。

图3-1

3.1.1 标题栏

标题栏（图3-2）位于界面的顶端，标题栏左端显示的是CorelDRAW软件名和图标，并且显示当前文件名。对于已存储的文件，将会显示出文件存储的完整路径，通过路径可以快速查找到文件。右端显示软件的"最小化""还原"和"关闭"选项。

图3-2

3.1.2 菜单栏

位于界面顶端的是菜单栏，菜单栏包含了CorelDRAW可执行的命令。菜单栏如图3-3所示，总共排列了12个菜单命令，分别为文件、编辑、查看、布局、对象、效果、位图、文本、表格、工具、窗口和帮助，菜单命令的快捷键为 Alt+ 括号内的字母。

| 文件(E) | 编辑(E) | 查看(V) | 布局(L) | 对象(J) | 效果(C) | 位图(B) | 文本(X) | 表格(T) | 工具(O) | 窗口(W) | 帮助(H) |

图3-3

3.1.3　常用工具栏

常用工具栏的作用是提高用户的工作效率，因此放置了一些常用的命令选项，有文件的新建、打开、存储、复制，图形的缩放，文件显示网格，辅助线，还包括将其他程序中的图形导入CorelDRAW中等快捷操作，如图3-4所示。

图3-4

3.1.4　工具箱

界面左侧是CorelDRAW软件常用的工具箱，使用工具箱中的工具可以对图像进行直接有效的编辑，用鼠标单击工具图标按钮就可以调出相应工具。工具图标右下角的小三角形代表有隐藏的工具，长按鼠标左键可调出隐藏工具。工具箱的详细信息如图3-5所示。工具箱的快捷键为括号内的按键。

3.1.5　属性栏

当用户选择了某一个工具后，属性栏中会出现与之相对应的属性参数，通过调整属性栏里各项参数来实现不同的效果，或对图形细节部分进行编辑。选择不同的工具，属性栏可显示不同的参数信息。如图3-6所示是选择矩形工具所出现的属性栏，通过设置属性栏参数，用户可实现更改矩形的位置大小、调整旋转角度、设置圆角类型、选择轮廓线类型等操作。

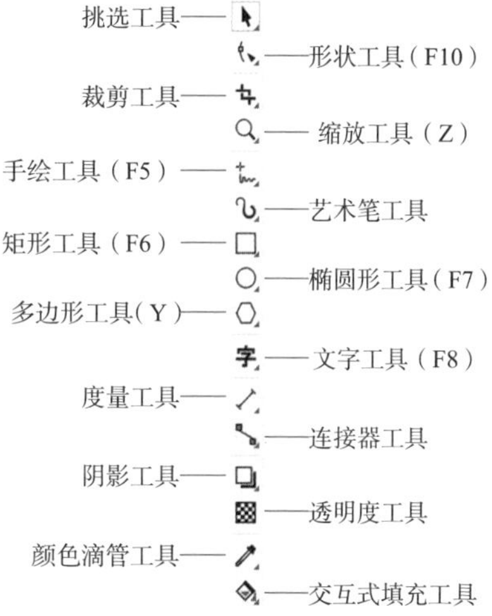

挑选工具——
　　　　　　——形状工具（F10）
裁剪工具——
　　　　　　——缩放工具（Z）
手绘工具（F5）——
　　　　　　——艺术笔工具
矩形工具（F6）——
　　　　　　——椭圆形工具（F7）
多边形工具（Y）——
　　　　　　字——文字工具（F8）
度量工具——
　　　　　　——连接器工具
阴影工具——
　　　　　　——透明度工具
颜色滴管工具——
　　　　　　——交互式填充工具

图3-5

| X: 110.809 mm | 168.197 mm | 100.0 % | 0.0 | | | | 5.0 mm 5.0 mm | | 5.0 mm 5.0 mm | | | | | | | + |
| Y: 166.482 mm | 90.185 mm | 100.0 % | | | | | | | | | | | | | | | |

图 3-6

3.1.6　调色板

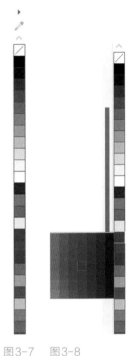

调色板位于界面的右侧，呈单列显示，CorelDRAW 默认的调色板是 CMYK 模式，如图 3-7 所示。用鼠标左键点击相应的颜色块可为对象添加该颜色，用鼠标右键点击颜色块可为对象添加轮廓线；如果要取消对象颜色填充，则先选中对象，用鼠标左键点击调色板顶端的☑按钮，若要取消对象轮廓的填充则用鼠标右键点击☑按钮。长按鼠标左键可调出与选择颜色相近的颜色，如图 3-8 所示。根据用户的需要，可以使用菜单栏"窗口"命令，选择"调色板"菜单命令里的"调色板编辑器"选项，打开"调色板编辑器"对话框，自行创建所需的调色板。

3.1.7　页面导航器

页面导航器在绘图区域的底部，显示当前文件的页码数，也用于页面的相关设置，如增加删除页面、重命名页面、选择页面等操作。单击导航器前面的 + 按钮，可以在当前所选择页面的前面添加新的页面，单击后面的 + 按钮则会

图 3-7　　图 3-8

在当前所选择页面的后面添加新的页面。在页面导航器的右侧是视图导航器，主要作用是查看放大后的对象，通过鼠标单击，在弹出的窗口中移动鼠标，显示当前页面中的不同区域，如图 3-9 所示。

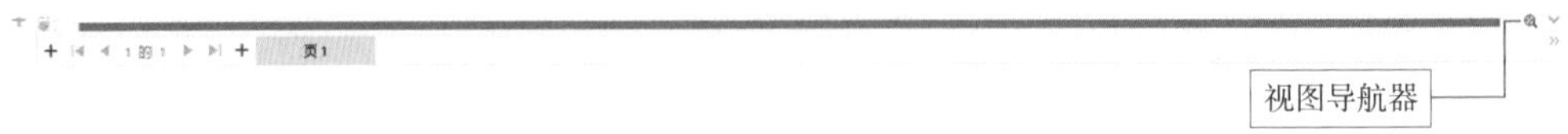

| + ◄ ◄ 1页1 ► ►| + | 页1 | | 视图导航器 |

图 3-9

3.1.8　状态栏

状态栏位于界面的底部，显示的是当前所编辑对象的相关信息，其中包括图形的宽度、高度，所选工具相关的提示操作，当前文件的缩放比例，文件大小，填充颜色等参数信息，如图 3-10 所示。

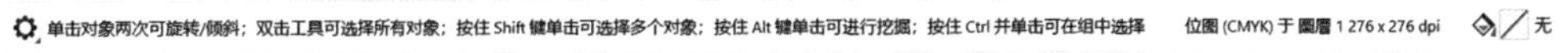

⚙ 单击对象两次可旋转/倾斜；双击工具可选择所有对象；按住 Shift 键单击可选择多个对象；按住 Alt 键单击可进行挖掘；按住 Ctrl 并单击可在组中选择　　位图 (CMYK) 于 图层 1 276 x 276 dpi ◇/无

图3-10

3.2　CorelDRAW 的基本操作介绍

3.2.1　文件基本操作

　　在绘制和编辑图像之前，必须新建文件或打开已有文件，CorelDRAW 的文件基本操作通过菜单栏"文件"菜单中的相应菜单命令进行选择并执行，包括文件的新建、打开、保存、另存为、导入、导出等文件处理命令，如图3-11所示。新建文件可通过菜单栏中的"文件"命令，执行"新建"菜单命令，打开"创建新文档"对话框即可创建一个新的文档，也可以应用快捷键Ctrl+N。打开文档的快捷键为Ctrl+O,保存文件的快捷键为Ctrl+S,另存为文件的快捷键为Ctrl+Shift+S。

3.2.2　页面设置和辅助工具

　　页面设置是指在应用CorelDRAW绘制图形之前的基本设置，用户根据需要将页面设置为合适的大小和尺寸。在绘制图形时，可以通过添加辅助工具的方法对绘制的图形进行精确定位。

图3-11

　　页面设置是针对页面、尺寸和背景进行的设置以及操作，包括页面尺寸、页面背景、添加或删除页面等操作。页面的基础设置是通过菜单栏"布局"菜单中的相应菜单命令来完成的。辅助工具的作用是辅助绘制图像，使其更加规范、准确。辅助工具包括辅助线、网格、标尺、贴齐等，均可以通过菜单栏"查看"菜单中的相应菜单命令来执行。打开和隐藏标尺的快捷键为Alt+Shift+R。

3.2.3　基础图形绘制的基本操作

　　在CorelDRAW中，基础图形的绘制工具有矩形工具、椭圆形工具和多边形工具。绘制基础图形时均是先选择相应工具，用鼠标左键在绘图区域拖曳出形状，再通过属性栏对图形进行编辑和修改。按住Ctrl键，拖曳鼠标左键可以拉出正圆、正方形或正多边形；同时按住Shift+Ctrl键则能绘制从中心出发的正方形或正圆（图3-12）。

图3-12

3.2.4　手绘工具的基本操作

　　CorelDRAW手绘工具主要包括手绘、贝塞尔、钢笔、3点曲线等众多工具选项，如图3-13所示。

　　手绘工具的主要作用是可以绘制出随意的曲线，也可以绘制直线，在使用手绘工具时，可以对闭合的曲线进行填充和编辑，还可以调整属性栏中的平滑度参数，来调整绘制线条的平滑效果。

　　通常应用贝塞尔工具和钢笔工具来绘制轮廓较为复杂的图形，贝塞尔工具的操作方法是首先使用鼠标

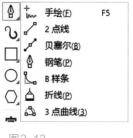

图3-13

在绘图区域中单击初始点，接着在要绘制的方向上单击，然后按住鼠标左键拖曳去调整控制线，继续在另外的位置上单击，连续拖动，最后形成完整的线条图形。

　　钢笔工具的基本操作方法类似于贝塞尔工具，需要注意的是，在该工具的属性栏中主要有两个按钮用于控制绘图时的操作，分别为"预览模式" 按钮和"自动添加或删除节点" 按钮，如图3-14所示为钢笔工具属性栏。用鼠标单击属性栏中的"预览模式" 按钮，应用钢笔工具绘制图形时可以预览到下一步绘制图形时的效果；用鼠标单击属性栏中的"自动添加或删除" 按钮，可以应用钢笔工具在已经绘制的图形中添加上节点，或者将已经创建的节点删除。

图3-14

3.2.5　组织和控制对象的基本操作

组织和控制对象主要针对的是对象的顺序、运算、合并和组合等操作。顺序变换根据目标对象的差异分为图像之间、图形与页面之间，以及图形与图层之间的顺序变换，通过菜单栏"对象"菜单中的相应菜单命令来完成。对象的运算是通过菜单栏"对象"命令中的合并、修剪、相交、简化、移出后面或前面对象、边界的选项将多个图形进行运算，得到新形状图形的操作，如图 3-15 所示。对象的群组操作有组合和合并两个命令，组合对象是指将所有选择的图形组成一个整体，操作方法是使用选择工具将所要群组的对象选

取，或是使用快捷键 Ctrl+G 将所选对象进行组合。合并的快捷键为 Ctrl+L，合并与组合的区别：合并是把多个不同对象合成一个新的对象，其对象属性也随之发生改变；组合只是单纯地将多个不同对象组合在一起，各个对象属性不会发生改变。

图 3-15

3.2.6　编辑对象的基本操作

编辑对象的基本操作包括选择对象、复制、粘贴、调整对象大小、缩放和旋转对象、变换对象、插入对象、撤销重做等操作。选择对象有选择单个对象、选择多个对象和全部选择。选择单个对象的操作是直接应用"选择工具" ，用鼠标单击所需图形；选择多个对象的操作是首先选择"选择工具" ，然后在绘图区域外面的空白处，按住鼠标左键拖曳出选框，框选中所需图形；全部选择的操作是按住鼠标左键拖曳框选中的所有图形，也可以使用快捷键 Ctrl+A。变换对象的操作是执行菜单栏"窗口"命令，选择"泊坞窗"命令里的"变换"选项来完成。变换命令有位置、旋转、缩放和镜像、大小、倾斜

5 个类型，如图 3-16 所示。复制图形的快捷键为 Ctrl+C，粘贴图形的快捷键为 Ctrl+V，剪切图形的快捷键为 Ctrl+X。

图 3-16

3.2.7　颜色工具的基本操作

颜色工具分为滴管工具和填充工具两类，滴管工具的主要作用是吸取对象的颜色以及属性，然后应用到对象上，应用该工具时首先要在属性栏里对颜色和属性进行设置。填充工具有交互式填充、智能填充和网状填充，其中，交互式填充是最常用的填充方式，交互式填充有5种，分别为均匀填充、渐变填充、图样填充、底纹填充和post script填充。其中"渐变工具"可以创建多种颜色的逐渐混合和过渡，通过打开渐变填充对话框进行参数设置。常用的渐变工具有线性渐变、椭圆形渐变、圆锥形渐变和矩形渐变4种类型，如图3-17所示。智能填充主要针对交错、细小的图形区域进行填充，而网状填充是创建任何方向的平滑的颜色过渡，可以做立体感的效果。均匀填充的快捷键是Shift+F11，渐变填充的快捷键是F11。

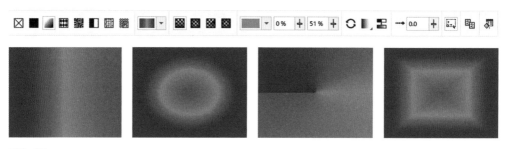

图3-17

3.2.8　阴影工具的基本操作

CorelDRAW里的阴影及其隐藏的其他工具可以对图形添加阴影，设置图形轮廓。另外，应用混合、变形、封套、立体化工具可以做一些特定效果和特殊效果。混合工具的主要作用是形成多个图形、颜色或轮廓线混合调和的效果；变形工具主要用于对图形进行变形操作，可以根据用户需要将所选择的图形设置为拉伸、扭曲或变形后的新图像效果；封套工具是通过选择封套类型，调整边线框上的节点，使图形和文本产生丰富的变形效果；运用立体化工具能制作出逼真的三维立体效果。

4

第4章 头戴式耳麦效果图的表现

4.1　绘制头戴式耳麦的基本轮廓图

4.2　海绵耳套材质和细节表现

4.3　塑料耳壳材质和细节表现

4.4　金属耳罩材质和细节表现

4.5　高反光塑料伸缩构件材质和细节表现

4.6　塑料线管材质和细节表现

4.7　塑料拉条材质和细节表现

4.8　麦克风材质和细节表现

本章以头戴式耳麦为例，重点讲解如何运用Photoshop软件去表现头戴式耳麦多曲线的造型和明暗关系，以及高反光塑料、金属和海绵耳套的质感。如图4-1所示为头戴式耳麦效果图。头戴式耳麦的主要材料是塑料，由于塑料制造成本低，具有良好的绝缘性，耐用、防水、防腐蚀、质轻，因此受到大众的青睐，应用非常广泛。其材质分为多种，有透明塑料、磨砂塑料、亚光塑料及高反光塑料等。塑料材质表面柔和均匀，明暗对比关系较弱，反光效果比金属弱，高光柔和。另外，耳麦所使用的金属也是生活中常见的材质，金属是

图4-1

指具有光泽、延展性、容易导电、传热等性质的材料。金属材质表面光洁，明暗对比强烈，并具有强烈的反光效果，最大特点就是高反射和高对比，有着极强的表现力。

4.1　绘制头戴式耳麦的基本轮廓图

头戴式耳麦大致可以分为6个部分，分别为海绵耳套、塑料耳壳、金属耳罩、高反光塑料伸缩构件、塑料线管及麦克风。在Photoshop软件中，首先使用工具箱中的"钢笔"工具 ✐ 绘制出耳麦的轮廓和细节，并用"直接选择"工具 ► 选中图形节点，调整图形中的线条。轮廓图绘制如图4-2所示。

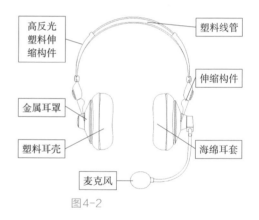

图4-2

4.2　海绵耳套材质和细节表现

使用工具箱中的"钢笔"工具 ✐ 绘制出耳套的轮廓路径，如图4-3所示。单击路径面板的"将路径作为选区载入按钮" ◙ 将路径转换为选区。打开拾色器，调整颜色，设置好工具栏中的前景色，使用快捷键Alt+Delete给耳套填充上颜色，效果如图4-4所示。

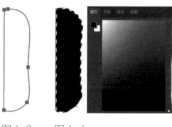

图4-3　　图4-4

选择这个图层，双击该图层，打开"图层样式"选项框，为该图层添加图层样式，添加"斜面和浮雕"选项。"样式"设置为内斜面，"深度"设置为123%，"方向"设置为上，"大小"设置为174像素，"软化"设置为16像素，"阴影角度"设置为0°，"高度"设置为30°，"高光不透明度"设置为75%，"阴影不透明度"设置为75%。效果及具体参数如图4-5所示。

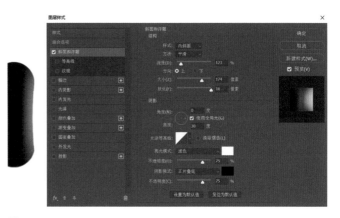

图4-5

继续为该图层添加图层样式，添加"内阴影"选项。"结构"设置为正片叠底，"角度"设置为120°，"阻塞"设置为20%，"大小"设置为50像素。效果及具体参数如图4-6所示。

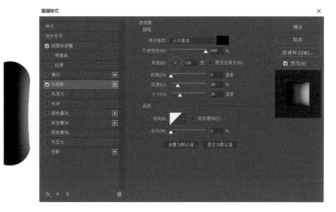

图4-6

继续为该图层添加图层样式，添加"颜色叠加"选项。"混合模式"设置为柔光。效果及具体参数如图4-7和图4-8所示。

接着绘制海绵材质图案部分，使用工具箱中的"椭圆选框"工具

图4-7　　图4-8

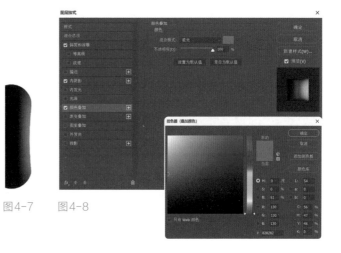

绘制出圆形选区。打开拾色器，调整颜色，设置好工具栏中的前景色，使用快捷键
Alt+Delete给圆形选区填充上颜色，并使用快捷键Ctrl+T打开自由变化工具，对选
区进行大小和位置的调整，如图4-9所示。

　　选择这个图层，双击图层，打开"图层样式"选项框，为该图层添加图层样式，
添加"斜面和浮雕"选项。"样式"设置为内斜面，"深度"设置为157%，"方向"
设置为上，"大小"设置为1像素，"软化"设置为4像素，"阴影角度"设置为90°，"高
度"设置为45°，"高光不透明度"设置为75%，"阴影不透明度"设置为75%。效
果及具体参数如图4-10和图4-11所示。

　　继续为该图层添加图层样式，添加"内阴影"选项。"混合模式"设置为正常，
"不透明度"设置100%，"角度"设置为120°，"距离"设置为5像素，"阻塞"置
为7%，"大小"设置为5像素。具体参数如图4-12所示。

　　将其复制为多个模块的圆形区域排列，选择菜单栏编辑命令下的定义图案命令，
将图案命名，单击确定，保存到图案库里，如图4-13所示。

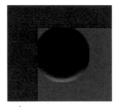

图4-9　　　　　　　　　　　　　　　　　　　　图4-10

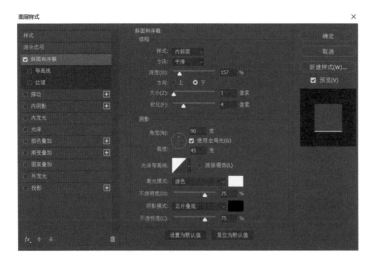

图4-11

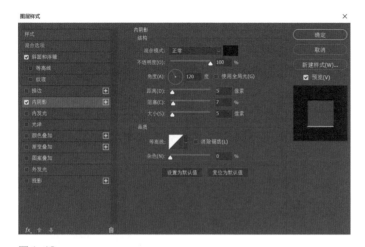

图4-12

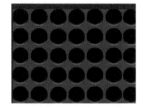

图4-13

图4-14

继续为该图层添加图层样式，添加"图案叠加"选项。"混合模式"设置为正常，"不透明度"设置为50%，"图案"选择库里的海绵材质图案，"角度"设置为0°，"缩放"设置为15%。效果及具体参数如图4-14和图4-15所示。

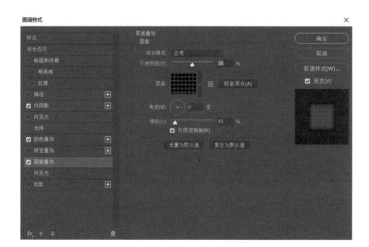

图4-15

4.3 塑料耳壳材质和细节表现

使用工具箱中的"钢笔"工具 ✐ 绘制出耳壳的轮廓路径，如图4-16所示。单击路径面板的"将路径作为选区载入按钮" ◇ 将路径转换为选区。打开拾色器，调整颜色，设置好工具栏中的前景色，使用快捷键Alt+Delete给耳壳填充上颜色，效果及颜色设置如图4-17所示。

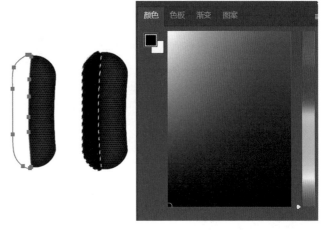

图4-16　　　图4-17

选择这个图层，双击图层，打开"图层样式"选项框，为该图层添加图层样式，添加"内阴影"选项。"混合模式"设置为正片叠底，"不透明度"设置为75%，"角度"设置为120°，"距离"设置为34像素，"阻塞"设置为20%，"大小"设置为20%。效果及具体参数如图4-18和图4-19所示。

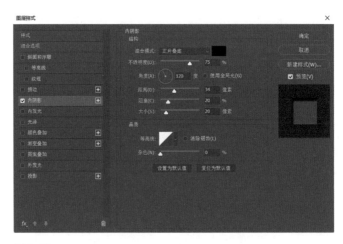

图4-18　　　图4-19

继续为该图层添加图层样式，添加"颜色叠加"选项。"混合模式"设置为柔光。具体参数如图4-20所示。

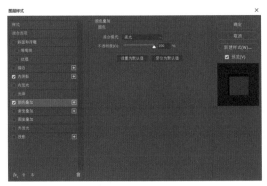

图4-20

继续为该图层添加图层样式，添加"渐变叠加"选项。"混合模式"设置为正常，"样式"设置为线性。具体参数如图4-21所示。

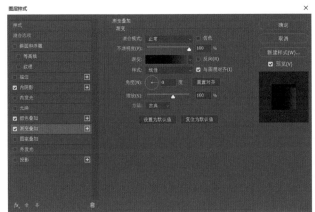

图4-21

4.4　金属耳罩材质和细节表现

使用工具箱中的"钢笔"工具 绘制出耳罩的轮廓路径，单击路径面板的"将路径作为选区载入按钮" 将路径转换为选区。打开拾色器，调整颜色，设置好工具栏中的前景色，使用快捷键Alt+Delete给耳罩部件填充上颜色，如图4-22所示。

图4-22

选择这个图层，双击图层，打开"图层样式"选项框，为该图层添加图层样式，添加"渐变叠加"选项。"混合模式"设置为正常，"样式"设置为线性。效果及具体参数如图4-23和图4-24所示。

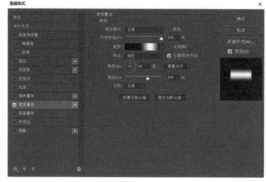

图4-23　　　图4-24

使用工具箱中的"钢笔"工具 绘制出耳罩主体轮廓路径，如图4-25所示。单击路径面板的"将路径作为选区载入按钮" 将路径转换为选区。打开拾色器，调整颜色，将工具栏中的前景色设置为白色，使用快捷键Alt+Delete给耳罩部件填充上颜色。

选择这个图层，双击图层，打开"图层样式"选项框，为该图层添加图层样式，添加"渐变叠加"选项。"混合模式"设置为正常，"样式"设置为线性。效果及具体参数如图4-26和图4-27所示。

图4-25　　　图4-26

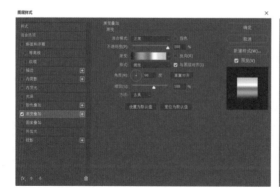

图4-27

继续为该图层添加图层样式，添加"描边"选项。"大小"设置为1像素，"位置"设置为内部。具体参数如图4-28所示。

使用工具箱中的"钢笔"工具 绘制出耳罩部件的轮廓路径，单击路径面板的"将路径作为选区载入按钮" 将路径转换为选区。打开拾色器，调整颜色，设置好工具栏中的前景色，使用快捷键Alt+Delete给耳罩部件填充上颜色，如图4-29所示。

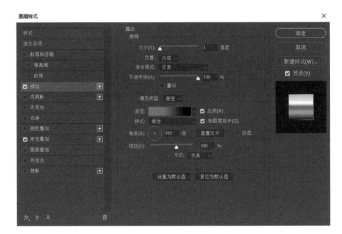

图4-28

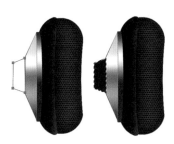

图4-29

选择这个图层，双击图层，打开"图层样式"选项框，为该图层添加图层样式，添加"渐变叠加"选项。"混合模式"设置为正常，"样式"设置为线性。效果及具体参数如图4-30和图4-31所示。

图4-30

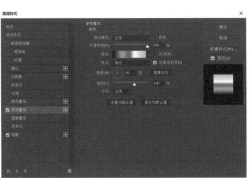

图4-31

　　继续为该图层添加图层样式，添加"投影"选项。"混合模式"设置为正常，"角度"设置为180°，"距离"设置为1像素。具体参数如图4-32所示。

　　使用工具箱中的"钢笔"工具 绘制出耳罩部件轮廓路径，单击路径面板的"将路径作为选区载入按钮" 将路径转换为选区。打开拾色器，调整颜色，设置好工具栏中的前景色，使用快捷键Alt+Delete给耳罩部件填充上颜色，如图4-33所示。

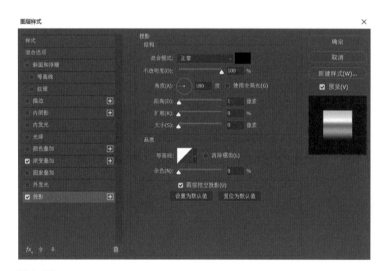

图4-32　　　　　　　　　　　　　　　　　　　　　　　　　　　　　　　图4-33

　　选择这个图层，双击图层，打开"图层样式"选项框，为该图层添加图层样式，添加"渐变叠加"选项。"混合模式"设置为正常，"样式"设置为线性。效果及具体参数如图4-34和图4-35所示。

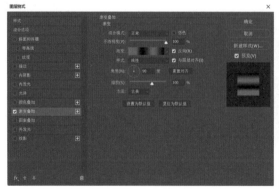

图4-34　　　　图4-35

继续为该图层添加图层样式，添加"投影"选项。"混合模式"设置为正常，"角度"设置为180°，"距离"设置为1像素。具体参数如图4-36所示。

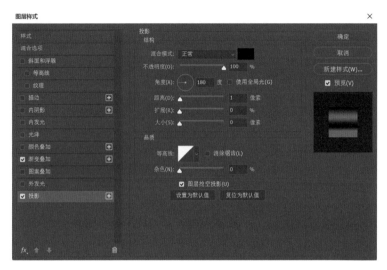

图4-36

4.5　高反光塑料伸缩构件材质和细节表现

使用工具箱中的"钢笔"工具 ✎ 绘制出伸缩构件轮廓路径，单击路径面板的"将路径作为选区载入按钮" ◇ 将路径转换为选区。打开拾色器，调整颜色，设置好工具栏中的前景色，使用快捷键Alt+Delete给伸缩构件填充上颜色，如图4-37所示。

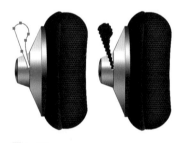

图4-37

选择这个图层，双击图层，打开"图层样式"选项框，为该图层添加图层样式，添加"斜面和浮雕"选项。"样式"设置为内斜面，"深度"设置为93%，"方向"设置为上，"大小"设置为13像素，"软化"设置为0像素，"阴影角度"设置为120°，"高度"设置为30°，"高光不透明度"设置为75%，"阴影不透明度"设置为75%。效果及具体参数如图4-38和图4-39所示。

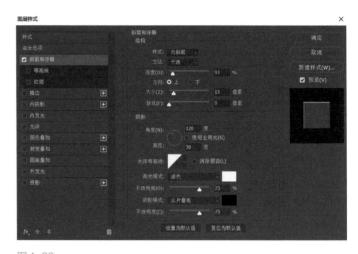

图4-38　　　　　　　　　　　图4-39

　　继续为该图层添加图层样式，添加"描边"选项。"大小"设置为1像素，"位置"设置为内部。"混合模式"设置为正常。具体参数如图4-40所示。

　　使用工具箱中的"钢笔"工具 绘制出伸缩构件轮廓路径，单击路径面板的"将路径作为选区载入按钮" ◇ 将路径转换为选区。打开拾色器，调整颜色，设置好工具栏中的前景色，使用快捷键Alt+Delete给伸缩构件填充上颜色，如图4-41所示。

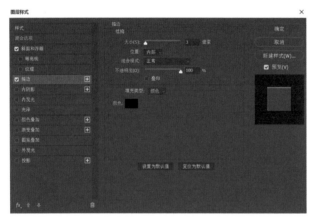

图4-40　　　　　　　　　　　　　　　　　　图4-41

　　选择这个图层，双击图层，打开"图层样式"选项框，为该图层添加图层样式，添加"斜面和浮雕"选项。"样式"设置为内斜面，"深度"设置为378%，"方向"设置为上，"大小"设置为13像素，"软化"设置为6像素，"阴影角度"设置为

120°，"高度"设置为30°，"高光不透明度"设置为75%，"阴影不透明度"设置为75%。效果及具体参数如图4-42和图4-43所示。

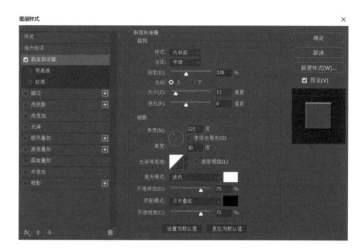

图4-42　　　　　　　　　图4-43

　　使用工具箱中的"钢笔"工具 绘制出伸缩构件轮廓路径，单击路径面板的"将路径作为选区载入按钮" 将路径转换为选区。打开拾色器，调整颜色，设置好工具栏中的前景色，使用快捷键Alt+Delete给伸缩构件填充上颜色，如图4-44所示。

　　使用工具箱中的"钢笔"工具 绘制出伸缩构件高光阴影轮廓路径，如图4-45所示。单击路径面板的"将路径作为选区载入按钮" 将路径转换为选区。使用工具箱中的"渐变填充"工具 ，打开渐变填充的"编辑填充"对话框，调整颜色填充、位置等具体参数，完成渐变填充。效果及具体参数如图4-46所示。

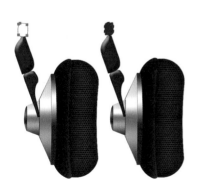

图4-44　　　　　　　图4-45　　　　图4-46

使用工具箱中的"钢笔"工具 ✐ 绘制出伸缩构件细节的轮廓路径，单击路径面板的"将路径作为选区载入按钮" ◇ 将路径转换为选区。打开拾色器，调整颜色，设置好工具栏中的前景色，使用快捷键Alt+Delete给伸缩构件填充上颜色，如图4-47所示。

图4-47

选择这个图层，双击图层，打开"图层样式"选项框，为该图层添加图层样式，添加"渐变叠加"选项。"混合模式"设置为正常，"样式"设置为线性。效果及具体参数如图4-48和图4-49所示。

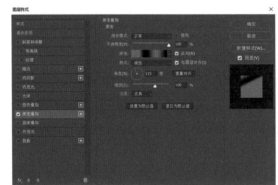

图4-48　　　　图4-49

继续使用工具箱中的"钢笔"工具 ✐ 绘制出伸缩构件细节的轮廓路径，单击路径面板的"将路径作为选区载入按钮" ◇ 将路径转换为选区。打开拾色器，调整颜色，设置好工具栏中的前景色，使用快捷键Alt+Delete给伸缩构件填充上颜色，如图4-50所示。

图4-50

选择这个图层，双击图层，打开"图层样式"选项框，为该图层添加图层样式，添加"渐变叠加"选项。"混合模式"设置为正常，"样式"设置为线性。效果及具体参数如图4-51和图4-52所示。

图4-51　　　　图4-52

继续为该图层添加图层样式，添加"内阴影"选项。"结构"设置为正片叠底，"角度"设置为120°，"阻塞"设置为0%，"大小"设置为2像素。具体参数如图4-53所示。

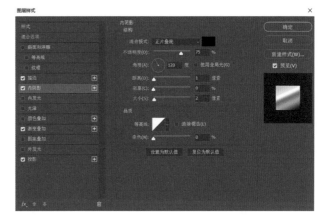

图4-53

继续为该图层添加图层样式，添加"描边"选项。"大小"设置为1像素，"位置"设置为内部。具体参数如图4-54所示。

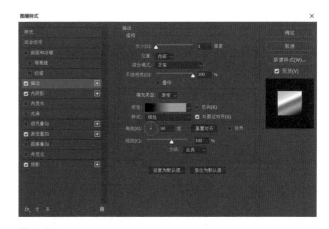

图4-54

继续为该图层添加图层样式，添加"投影"选项。"混合模式"设置为正常，"角度"设置为180°，"距离"设置为1像素。具体参数如图4-55所示。

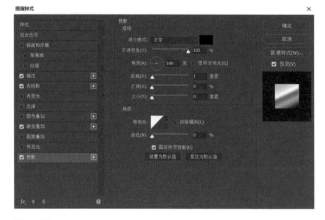

图4-55

选中耳套、耳壳、耳罩、伸缩构件图层，合并或盖印为一个图层，并使用快捷键Ctrl+J复制该图层，使用快捷键Ctrl+T打开自由变化工具，对图形进行大小和位置的调整。如图4-56所示。

图4-56

4.6　塑料线管材质和细节表现

使用工具箱中的"钢笔"工具 绘制出线管的轮廓路径，单击路径面板的"将路径作为选区载入按钮" 将路径转换为选区。打开拾色器，调整颜色，设置好工具栏中的前景色，使用快捷键Alt+Delete给伸缩构件填充上颜色，如图4-57所示。

参照上面的方法，完成第二根线管的绘制，如图4-58所示。

图4-57

图4-58

4.7　塑料拉条材质和细节表现

使用工具箱中的"钢笔"工具 🖉 绘制出拉条的轮廓路径，单击路径面板的"将路径作为选区载入按钮" ◇ 将路径转换为选区。打开拾色器，调整颜色，设置好工具栏中的前景色，使用快捷键 Alt+Delete 给拉条填充上颜色，如图4-59所示。

图4-59

选择这个图层，双击图层，打开"图层样式"选项框，为该图层添加图层样式，添加"斜面和浮雕"选项。"样式"设置为内斜面，"深度"设置为62%，"方向"设置为上，"大小"设置为27像素，"软化"设置为6像素，"阴影角度"设置为0°，"高度"设置为30°，"光泽等高线"设置为锯齿1，"高光不透明度"设置为75%，"阴影不透明度"设置为75%。效果及具体参数如图4-60和图4-61所示。

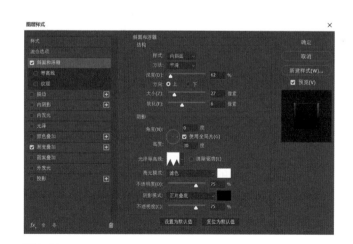

图4-60　　　　　图4-61

继续为该图层添加图层样式，添加"渐变叠加"选项。"混合模式"设置为正常，"样式"设置为线性。具体参数如图4-62所示。

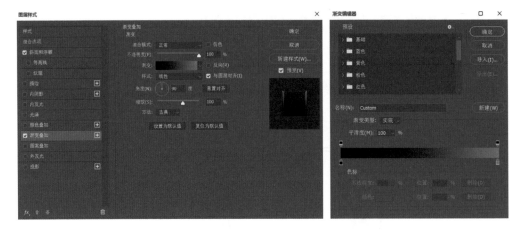

图4-62

参照上面的方法，完成右边塑料拉条构件的绘制，如图4-63所示。

图4-63

4.8 麦克风材质和细节表现

使用工具箱中的"钢笔"工具 ✑ 绘制出连接麦克风构件的轮廓路径，单击路径面板的"将路径作为选区载入按钮" ◈ 将路径转换为选区。打开拾色器，调整颜色，设置好工具栏中的前景色，使用快捷键Alt+Delete给连接构件填充上颜色，如图4-64和图4-65所示。

选择这个图层，双击图层，打开"图层样式"选项框，为该图层添加图层样式，添加"渐变叠加"选项。"混合模式"设置为正常，"样式"设置为线性。效果和具体参数如图4-66和图4-67所示。

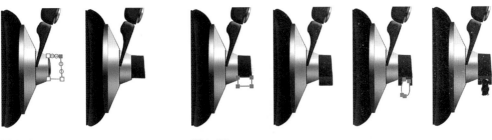

图4-64　　　　　　　　　　　图4-65

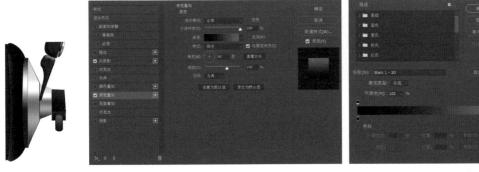

图4-66　　　图4-67

　　继续添加"内阴影"选项。"混合模式"设置为正片叠底，"不透明度"设置为75%，"角度"设置为120°，"大小"设置为10像素。具体参数如图4-68所示。

　　使用工具箱中的"椭圆选框"工具■绘制出圆形选区。打开拾色器，调整颜色，设置好工具栏中的前景色，使用快捷键Alt+Delete给圆形选区填充上颜色，并使用快捷键Crtl+T打开自由变化工具，对选区进行大小和位置的调整，如图4-69所示。

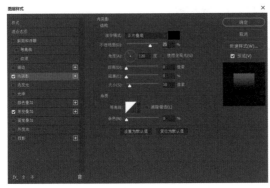

图4-68　　　　　　　　　　　　　　　　　　　　图4-69

选择这个图层，双击图层，打开"图层样式"选项框，为该图层添加图层样式，添加"渐变叠加"选项。"混合模式"设置为正常，"样式"设置为线性。效果及具体参数如图4-70和图4-71所示。

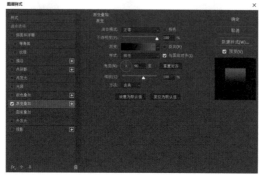

图4-70　　　　图4-71

继续添加"投影"选项。"混合模式"设置为正常，"距离"设置为1像素。具体参数如图4-72所示。

使用工具箱中的"钢笔"工具⌀绘制出麦克风线管的轮廓路径，单击路径面板的"将路径作为选区载入按钮"◇将路径转换为选区。打开拾色器，调整颜色，设置好工具栏中的前景色，使用快捷键Alt+Delete给麦克风线管填充上颜色，如图4-73所示。

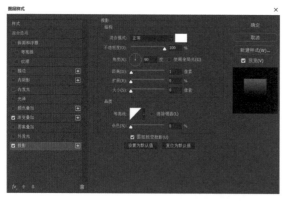

图4-72　　　　　　　　　　　　　　　　　图4-73

选择这个图层，双击图层，打开"图层样式"选项框，为该图层添加图层样式，添加"斜面和浮雕"选项。"样式"设置为内斜面，"深度"为704%，"方向"设置为上，"大小"设置为24像素，"软化"设置为10像素，"阴影高度"设置为30°，"高光不透明度"设置为75%，"阴影不透明度"设置为75%。效果及具体参数如图4-74和图4-75所示。

图4-74

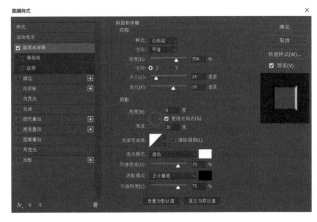

图4-75

参照之前的方法，完成线管高光和连接部分的绘制，如图4-76所示。

使用工具箱中的"椭圆选框"工具◎绘制出麦克风主体椭圆形选区。打开拾色器，调整颜色，设置好工具栏中的前景色，使用快捷键Alt+Delete给圆形选区填充上颜色，并使用快捷键Ctrl+T打开自由变化工具，对选区进行大小和位置的调整，如图4-77所示。

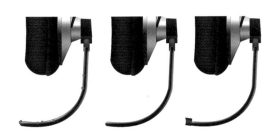

图4-76

图4-77

选择这个图层，双击图层，打开"图层样式"选项框，为该图层添加图层样式，添加"图案叠加"选项。"混合模式"设置为正常，"不透明度"设置为50%，"图案"选择图库里的海绵材质图案，"角度"设置为0°，"缩放"设置为15%。效果及具体参数如图4-78和图4-79所示。

图4-78

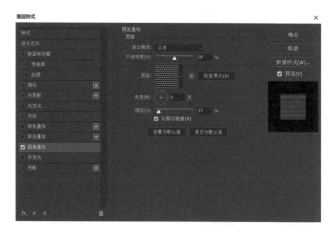

图4-79

　　继续为该图层添加图层样式，添加"颜色叠加"选项。"混合模式"设置为柔光。具体参数如图4-80所示。

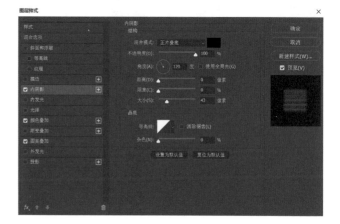

图4-80

　　继续添加"内阴影"选项。"混合模式"设置为正片叠底，"角度"设置为120°，"距离"设置为0像素，"阻塞"设置为0%，"大小"设置为43像素，"杂色"设置为0。具体参数如图4-81所示。

图4-81

　　新建一个图层，并选中新建图层。按住 Ctrl 键的同时，用鼠标左键单击椭圆形
麦克风图层的缩略图，将麦克风图层载入选区。打开拾色器，调整颜色，设置好工具
箱中的前景色。使用"画笔"工具，在高光区域进行涂抹，画笔类型设置为柔
边圆，"大小"设置为 55 像素，"硬度"设置为 0%，将新建图层的不透明度设置为
27%。效果及具体参数如图 4-82 所示。

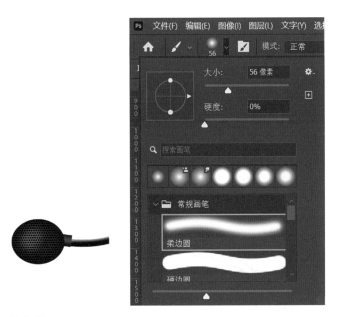

图 4-82

　　新建一个图层，使用工具箱中的"椭圆选框"工具，属性栏上设置羽化"羽化"
值为 20 像素，绘制出圆形阴影区域选区。打开拾色器，调整颜色，设置好工具栏中
的前景色，使用快捷键 Alt+Delete 给选区填充上颜色，调整阴影区域的位置，如
图 4-83 所示。

图 4-83

使用"加深工具" 🔧，对画笔进行设置，画笔类型设置为柔边圆，"大小"设置为58像素，"硬度"设置为0%，进行加深涂抹处理。效果及具体参数如图4-84所示。

头戴式耳麦阴影和最终效果如图4-85所示。

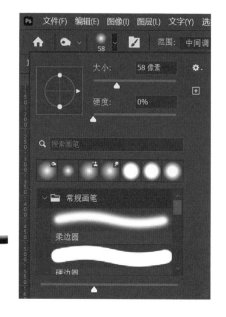

图4-84

图4-85

第5章

单反相机效果图的表现

5.1 绘制单反相机的基本轮廓图

5.2 相机机身材质和细节表现

5.3 相机快门材质和细节表现

5.4 相机肩屏材质和细节表现

5.5 相机取景器材质和细节表现

5.6 相机热靴材质和细节表现

5.7 相机拍摄区域材质和细节表现

5.8 相机镜头的材质和细节表现

5.9 相机皮革暗纹材质和细节表现

5.10 相机手柄区域细节表现

5.11 相机闪光灯的材质和细节表现

5.12 相机镜头释放按钮的材质和细节表现

5.13 相机旋钮的材质和细节表现

本章以单反相机为例，重点讲解如何运用Photoshop软件去表现单反相机复杂和多样化的结构、明暗关系以及塑料、金属和玻璃的质感。单反相机主体为塑料材质，再加上少量的金属按键，镜面部分是玻璃材质。玻璃广泛用于日用、医疗、电子、仪表等领域，材质分为透明和半透光类型，透明材质具有较好的反射和折射效果，在进行透明材质表现时，主要通过物体轮廓与光影变化表现不同的亮度。半透光材质可以通过将固有色作为底色，借助高光处显现亮度和透明度，并把握好材料的光源色及环境色变化。如图5-1所示为单反相机效果图。

图5-1

5.1　绘制单反相机的基本轮廓图

单反相机大致可以分为9个部分，分别为手柄、快门、肩屏、闪光灯、热靴、取景器、旋钮、释放按钮及镜头。在Photoshop软件中，首先使用工具箱中的"钢笔"工具 绘制出单反相机的轮廓和细节，并用"直接选择"工具 选中图形节点，调整图形中的线条。轮廓图绘制如图5-2所示。

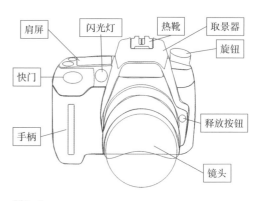

图5-2

5.2　相机机身材质和细节表现

使用工具箱中的"钢笔"工具 绘制出相机机身的轮廓路径，如图5-3所示。单击路径面板的"将路径作为选区载入按钮" 将路径转换为选区。打开拾色器，调整颜色，设置好工具栏中的前景色，使用快捷键Alt+Delete给相机机身填充上颜色。颜色填充效果及具体参数如图5-4所示。

图5-3 图5-4

使用工具箱中的"钢笔"工具 绘制出相机机身左侧部分的轮廓路径，如图5-5所示。单击路径面板的"将路径作为选区载入按钮" 将路径转换为选区。使用工具箱中的"渐变填充"工具 ，打开渐变填充的"编辑填充"对话框，调整颜色填充、位置等具体参数，完成渐变填充。填充效果及具体参数如图5-6所示。

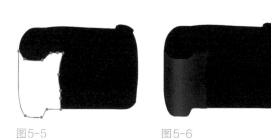

图5-5 图5-6

使用工具箱中的"钢笔"工具 绘制出相机机身右侧部分的轮廓路径，如图5-7所示。单击路径面板的"将路径作为选区载入按钮" 将路径转换为选区。使用工具箱中的"渐变填充"工具 ，打开渐变填充的"编辑填充"对话框，调整颜色填充、位置等具体参数，完成渐变填充。效果及具体参数如图5-8所示。

使用工具箱中的"钢笔"工具 绘

制出相机机身上面部分的轮廓路径，如图5-9所示。单击路径面板的"将路径作为选区载入按钮"◇将路径转换为选区。使用工具箱中的"渐变填充"工具▣，打开渐变填充的"编辑填充"对话框，调整颜色填充、位置等具体参数，完成渐变填充。效果及具体参数如图5-10所示。

图5-7

图5-8

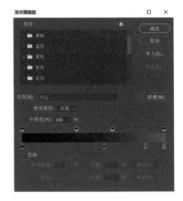

图5-9

图5-10

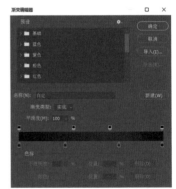

选择这个图层，双击图层，打开"图层样式"选项框，为该图层添加图层样式，添加"斜面和浮雕"选项。"样式"设置为内斜面，"深度"设置为100%，"方向"设置为上，"大小"设置为2像素，"阴影角度"设置为-51°，"高度"设置为21°，"高光不透明度"设置为75%，"阴影不透明度"设置为43%。效果及具体参数如图5-11和图5-12所示。

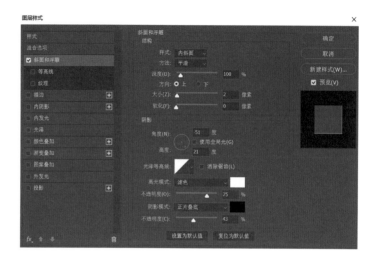

图5-11　　　　　　　图5-12

5.3　相机快门材质和细节表现

使用工具箱中的"钢笔"工具 ✐ 绘制出相机快门区域的轮廓路径，如图5-13所示。单击路径面板的"将路径作为选区载入按钮" ◇ 将路径转换为选区。使用工具箱中的"渐变填充"工具 ▦ ，打开渐变填充的"编辑填充"对话框，调整颜色填充、位置等具体参数，完成渐变填充。效果及具体参数如图5-14所示。

图5-13　　　　　　　图5-14

使用工具箱中的"钢笔"工具 ✐ 绘制出相机快门区域的阴影轮廓路径，单击路径面板的"将路径作为选区载入按钮" ◇ 将路径转换为选区。打开拾色器，调整颜色，设置好工具箱中的前景色，使用快捷键 Alt+Delete 给阴影部分填充上颜色，如图5-15所示。

参照上面的方法，完成高光部分的绘制，如图5-16所示。

使用工具箱中的"椭圆选框"工具  绘制出相机快门按钮部分的轮廓选区。打开拾色器，调整颜色，设置好工具箱中的前景色，使用快捷键Alt+Delete对其填充上颜色，如图5-17所示。

新建一个图层，并选中新建图层。按住Ctrl键的同时，用鼠标左键单击快门按钮图层的缩略图，将快门按钮图层载入选区。打开拾色器，调整颜色，设置好工具箱中的前景色，使用快捷键Alt+Delete填充上颜色。使用快捷键Ctrl+T打开自由变化工具，对选区进行等比缩放，调整其大小和位置，按回车键确定，如图5-18所示。

使用工具箱中的"渐变填充"工具 ，打开渐变填充的"编辑填充"对话框，调整颜色填充、位置等具体参数，完成渐变填充。效果及具体参数如图5-19所示。

图5-15

图5-16

图5-17

图5-18

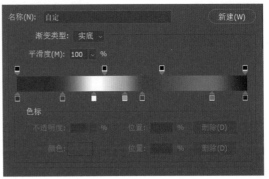

图5-19

新建一个图层，使用工具箱中的"椭圆选框"工具绘制出按钮椭圆形选区。打开拾色器，调整颜色，设置好工具箱中的前景色，使用快捷键Alt+Delete填充上颜色，如图5-20所示。

图5-20

参照上面的操作，新建一个图层，使用工具箱中的"椭圆选框"工具绘制出按钮椭圆形选区。使用工具箱中的"渐变填充"工具，打开渐变填充的"编辑填充"对话框，调整颜色填充、位置等具体参数，完成渐变填充。效果及具体参数如图5-21所示。

图5-21

参照上面的操作，使用工具箱中的"椭圆选框"工具绘制出按钮椭圆形选区，并使用快捷键Ctrl+T打开自由变化工具，对选区进行大小和位置的调整，使用工具箱中的"渐变填充"工具和"前景色"，对颜色进行填充，如图5-22所示。

图5-22

使用工具箱中的"钢笔"工具 ✏ 绘制出高光部分轮廓路径，单击路径面板的"将路径作为选区载入按钮" ◇ 将路径转换为选区。使用工具箱中的"渐变填充"工具 ■，打开渐变填充的"编辑填充"对话框，调整颜色填充、位置等

具体参数，完成渐变填充。"图层透明度"设置为68%。效果及具体参数如图5-23所示。

参照上面的方法，完成整个按钮阴影部分的绘制，如图5-24所示。

图5-23

图5-24

5.4 相机肩屏材质和细节表现

使用工具箱中的"钢笔"工具 ✏ 绘制出相机肩屏区域轮廓路径，单击路径面板的"将路径作为选区载入按钮" ◇ 将路径转换为选区。打开拾色器，调整颜色，设置好工具箱中的前景色，使用快捷键Alt+Delete给阴影部分填充上颜色，如图5-25所示。

新建一个图层，使用工具箱中的"矩形选框"工具 ▥ 绘制出相机肩屏矩形区域选区。打开拾色器，调整颜色，设置好工具箱中的前景色，使用快捷键

Alt+Delete给阴影部分填充上颜色，如图5-26所示。

新建一个图层，并选中新建图层。按住Ctrl键的同时，用鼠标左键单击矩形图层的缩略图，将矩形图层载入选区。打开拾色器，调整颜色，设置好工具箱中的前景色，使用快捷键Alt+Delete填充上颜色。使用快捷键Ctrl+T打开自由变化工具，对选区进行等比缩放，调整其大小和位置，按回车键确定，并将本图层"图层透明度"设置为68%，如图5-27所示。

新建一个图层，使用工具箱中的"矩形选框"工具█绘制出肩屏屏幕选区。打开拾色器，调整颜色，设置好工具箱中的前景色，使用快捷键Alt+Delete给屏幕部分填充上颜色，如图5-28所示。

使用工具箱中的"钢笔"工具✐绘制出屏幕细节轮廓路径，单击路径面板的"将路径作为选区载入按钮"◇将路径转换为选区。打开拾色器，调整颜色，设置好工具箱中的前景色，使用快捷键Alt+Delete给阴影部分填充上颜色。将本图层"图层透明度"设置为45%，如图5-29所示。

图5-25

图5-26

图5-27

图5-28

图5-29

5.5　相机取景器材质和细节表现

使用工具箱中的"钢笔"工具 ✍ 绘制出相机取景器区域轮廓路径，单击路径面板的"将路径作为选区载入按钮" ◇ 将路径转换为选区。打开拾色器，调整颜色，设置好工具箱中的前景色，使用快捷键Alt+Delete给顶端部分填充上颜色，如图5-30所示。

图5-30

选择这个图层，双击图层，打开"图层样式"选项框，为该图层添加图层样式，添加"斜面和浮雕"选项。"样式"设置为内斜面，"深度"设置为83%，"方向"设置为上，"大小"设置为35像素，

"软化"设置为6像素，"阴影角度"设置为-53°，"高度"设置为37°，"高光模式"设置为变暗，"高光不透明度"设置为93%，"阴影不透明度"设置为48%。效果及具体参数如图5-31所示。

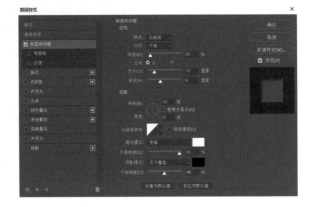

图5-31

使用工具箱中的"钢笔"工具 ✍ 绘制出取景器两侧部分路径，单击路径面板的"将路径作为选区载入按钮" ◇ 将路径转换为选区。使用工具箱中的"渐变填充"工具 ▣ ，完成渐变填充，如图5-32所示。

图5-32

5.6   相机热靴材质和细节表现

使用工具箱中的"钢笔"工具 ✐ 绘制出相机热靴区域轮廓路径，单击路径面板的"将路径作为选区载入按钮" ◇ 将路径转换为选区。打开拾色器，调整颜色，设置好工具箱中的前景色，使用快捷键 Alt+Delete 给顶端部分填充上颜色，如图5-33所示。

图5-33

使用工具箱中的"钢笔"工具 ✐ 绘制出相机热靴区域轮廓路径，单击路径面板的"将路径作为选区载入按钮" ◇ 将路径转换为选区。打开拾色器，调整颜色，设置好工具箱中的前景色，使用快捷键 Alt+Delete 给选中部分填充上颜色，如图5-34所示。

图5-34

选择这个图层，双击图层，打开"图层样式"选项框，为该图层添加图层样式，添加"斜面和浮雕"选项。"样式"设置为内斜面，"深度"设置为154%，"方向"设置为上，"大小"设置为1像素，"软化"设置为2像素，"阴影角度"设置为-139°，"高度"设置为42°，"高光不透明度"设置为75%，"阴影不透明度"设置为75%。效果及具体参数如图5-35所示。

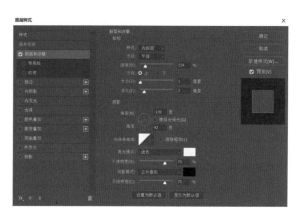

图5-35

新建一个图层，并选中新建图层。按住Ctrl键的同时，用鼠标左键单击相机热靴顶端区域图层的缩略图，将热靴顶端区域图层载入选区。使用快捷键Ctrl+T打开自由变化工具，对选区进行等比缩放，调整其大小和位置，按回车键确定。使用工具箱中的"渐变填充"工具，完成渐变填充，如图5-36所示。

图5-36

使用工具箱中的"钢笔"工具绘制出相机热靴细节轮廓路径，单击路径面板的"将路径作为选区载入按钮"将路径转换为选区。打开拾色器，调整颜色，设置好工具箱中的前景色，使用快捷键Alt+Delete给细节部分填充上颜色，如图5-37所示。

图5-37

选择这个图层，双击图层，打开"图层样式"选项框，为该图层添加图层样式，添加"斜面和浮雕"选项。"样式"设置为内斜面，"深度"设置为154%，"方向"设置为上，"大小"设置为1像素，"软化"设置为2像素，"阴影角度"设置为-139°，"高度"设置为42°，"高光不透明度"设置为75%，"阴影不透明度"设置为75%。效果及具体参数如图5-38所示。

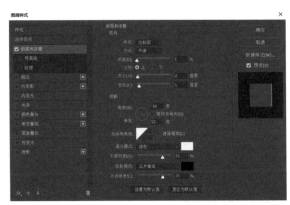

图5-38

使用工具箱中的"钢笔"工具 ✐ 绘制出相机热靴两侧细节轮廓路径，单击路径面板的"将路径作为选区载入按钮" ◇ 将路径转换为选区。打开拾色器，调整颜色，设置好工具箱中的前景色，

使用快捷键Alt+Delete给细节部分填充上颜色，如图5-39所示。

参照上面的方法，完成热靴阴影部分的绘制，如图5-40所示。

图5-39

图5-40

5.7　相机拍摄区域材质和细节表现

使用工具箱中的"钢笔"工具 ✐ 绘制出相机拍摄区域轮廓路径，单击路径面板的"将路径作为选区载入按钮" ◇ 将路径转换为选区。使用工具箱中的"渐变填充"工具 ■，完成渐变填充，如图5-41所示。

图5-41

选择这个图层，双击图层，打开"图层样式"选项框，为该图层添加图层样式，添加"斜面和浮雕"选项。"样式"设置为内斜面，"深度"设置为100%，"方向"设置为上，"大小"设置为1像素，"软化"设置为0像素，"阴影角度"设置为120°，"高度"设置为30°，"高光不透明度"设置为82%，"阴影不透明度"设置为37%。效果及具体参数如图5-42所示。

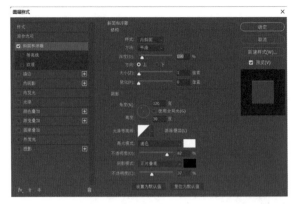

图5-42

使用工具箱中的"钢笔"工具 绘
制出相机拍摄区域轮廓路径，单击路径
面板的"将路径作为选区载入按钮"
将路径转换为选区。打开拾色器，调整
颜色，设置好工具箱中的前景色，使用
快捷键Alt+Delete给选中部分填充上颜
色，如图5-43所示。

图5-43

5.8 相机镜头的材质和细节表现

5.8.1 相机镜头颜色及材质表现

使用工具箱中的"钢笔"工具 绘
制出相机镜筒区域轮廓路径，单击路径
面板的"将路径作为选区载入按钮"
将路径转换为选区。打开拾色器，调整
颜色，设置好工具箱中的前景色，使用
快捷键Alt+Delete给镜头上端部分填充
上颜色，如图5-44所示。

图5-44

选择这个图层，双击图层，打开"图层样式"选项框，为该图层添加图层样式，添加"斜面和浮雕"选项。"样式"设置为内斜面，"深度"设置为113%，"方向"设置为上，"大小"设置为2像素，"软化"设置为0像素，"阴影角度"设置为-48°，"高度"设置为11°，"高光不透明度"设置为75%，"阴影不透明度"设置为75%。效果及具体参数如图5-45所示

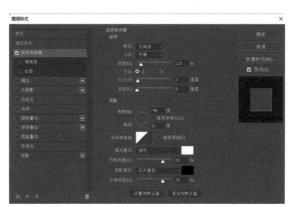

图5-45

使用工具箱中的"钢笔"工具 ✐ 绘制出镜筒轮廓路径，单击路径面板的"将路径作为选区载入按钮" ◇ 将路径转换为选区。使用工具箱中的"渐变填充"工具 ▦，打开渐变填充的"编辑填充"对话框，调整颜色填充、位置等具体参数，完成渐变填充，如图5-46所示。

图5-46

选择这个图层，双击图层，打开"图层样式"选项框，为该图层添加图层样式，添加"斜面和浮雕"选项。"样式"设置为内斜面，"深度"设置为164%，"方向"设置为上，"大小"设置为4像素，"软化"设置为0像素，"阴影角度"设置为-71°，"高度"设置为0°，"高光不透明度"设置为69%，"阴影不透明度"设置为4%。效果及具体参数如图5-47所示。

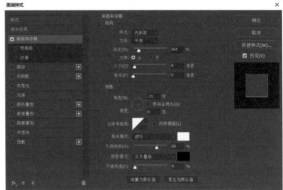

图5-47

使用工具箱中的"钢笔"工具
绘制出镜筒轮廓路径，单击路径面板的
"将路径作为选区载入按钮"  将路径转
换为选区。使用工具箱中的"渐变填充"
工具 ，打开渐变填充的"编辑填充"
对话框，调整颜色填充、位置等具体参
数，完成渐变填充，如图5-48所示。

图5-48

选择这个图层，双击图层，打开"图层样式"选项框，为该图层添加图层样式，
添加"斜面和浮雕"选项。"样式"设置为内斜面，"深度"设置为174%，"方向"
设置为上，"大小"设置为1像素，"软化"设置为0像素，"阴影角度"设置为-50°，
"高度"设置为0°，"高光不透明度"设置为75%，"阴影不透明度"设置为49%。
效果及具体参数如图5-49所示。

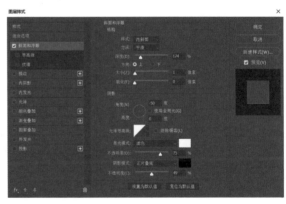

图5-49

使用工具箱中的"钢笔"工具 ✐ 绘制出相机镜头轮廓路径，单击路径面板的"将路径作为选区载入按钮" ◇ 将路径转换为选区。使用工具箱中的"渐变填充"工具 ▣，打开渐变填充的"编辑填充"对话框，调整颜色填充、位置等具体参数，完成渐变填充，如图5-50所示。

图5-50

选择这个图层，双击图层，打开"图层样式"选项框，为该图层添加图层样式，添加"斜面和浮雕"选项。"样式"设置为内斜面，"深度"设置为144%，"方向"设置为上，"大小"设置为1像素，"软化"设置为0像素，"阴影角度"设置为54°，"高度"设置为0°，"高光不透明度"设置为75%，"阴影不透明度"设置为39%。效果及具体参数如图5-51所示。

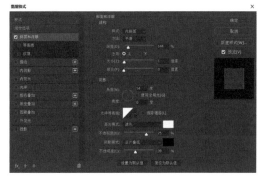

图5-51

参照上面的方法，完成相机镜头部分的绘制，如图5-52~图5-55所示。

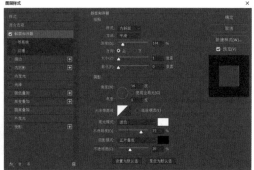

图5-52　　　　图5-53

图5-54

图5-55

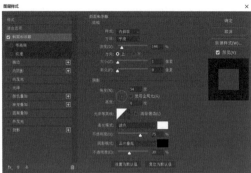

使用工具箱中的"椭圆"工具 ◎ ，属性栏里设置为路径选项 ◎ ⎯ 路径 ⎯ ，绘制出相机镜头轮廓路径，单击路径面板的"将路径作为选区载入按钮" ◇ 将路径转换为选区。使用工具箱中的"渐变填充"工具 ■ ，打开渐变填充的"编辑填充"对话框，调整颜色填充、位置等具体参数，完成渐变填充，如图5-56所示。

图5-56

选择这个图层，双击图层，打开"图层样式"选项框，为该图层添加图层样式，添加"斜面和浮雕"选项。"样式"设置为内斜面，"深度"设置为100%，"方向"设置为上，"大小"设置为1像素，"软化"设置为0像素，"阴影角度"设置为105°，"高度"设置为5°，"高光不透明度"设置为75%，"阴影不透明度"设置为26%。效果及具体参数如图5-57所示。

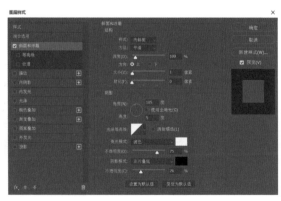
图5-57

使用工具箱中的"椭圆选框"工具
◎绘制出镜头圆形选区，并使用快捷键
Ctrl+T打开自由变化工具，对选区进行
大小和位置的调整。打开拾色器，调整
颜色，设置好工具箱中的前景色，使用
快捷键Alt+Delete给镜头部分填充上颜
色，如图5-58所示。

图5-58

使用工具箱中的"椭圆选框"工具
◎绘制出镜头圆形选区，并使用快捷键
Ctrl+T打开自由变化工具，对选区进行
大小和位置的调整。打开拾色器，调整
颜色，设置好工具箱中的前景色，使用
快捷键Alt+Delete给镜头部分填充上颜
色，如图5-59所示。

图5-59

使用工具箱中的"椭圆选框"工具
◎绘制出镜头圆形选区，并使用快捷键
Ctrl+T打开自由变化工具，对选区进行
大小和位置的调整。打开拾色器，调整
颜色，设置好工具箱中的前景色，使用
快捷键Alt+Delete给镜头部分填充上颜
色，如图5-60所示。

图5-60

使用工具箱中的"椭圆"工具◎，
属性栏里设置为路径选项 ◎ 路径 ，绘制
出镜头细节轮廓路径，单击路径面板的
"将路径作为选区载入按钮"◇将路径转
换为选区。使用工具箱中的"渐变填充"
工具▣，打开渐变填充的"编辑填充"
对话框，调整颜色填充、位置等具体参
数，完成渐变填充，如图5-61所示。

图5-61

选择这个图层，双击图层，打开"图层样式"选项框，为该图层添加图层样式，添加"斜面和浮雕"选项。"样式"设置为内斜面，"深度"设置为100%，"方向"设置为上，"大小"设置为1像素，"软化"设置为0像素，"阴影角度"设置为120°，"高度"设置为30°，"高光不透明度"设置为75%，"阴影不透明度"设置为75%。效果及具体参数如图5-62所示。

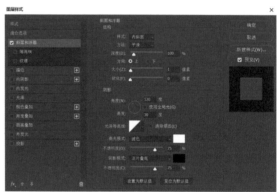

图5-62

使用工具箱中的"椭圆"工具，属性栏里设置为路径选项，绘制出镜头细节轮廓路径，单击路径面板的"将路径作为选区载入按钮"将路径转换为选区。使用工具箱中的"渐变填充"工具，打开渐变填充的"编辑填充"对话框，调整颜色填充、位置等具体参数，完成渐变填充，如图5-63所示。

图5-63

选择这个图层，双击图层，打开"图层样式"选项框，为该图层添加图层样式，添加"斜面和浮雕"选项。"样式"设置为内斜面，"深度"设置为100%，"方向"设置为上，"大小"设置为1像素，"软化"设置为0像素，"阴影角度"设置为120°，"高度"设置为30°，"高光不透明度"设置为75%，"阴影不透明度"设置为75%。效果及具体参数如图5-64所示。

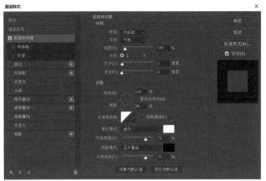

图5-64

使用工具箱中的"椭圆"工具 ⬭，
属性栏里设置为路径选项 ⬭ 路径 ，绘制
出镜头细节轮廓路径，单击路径面板的
"将路径作为选区载入按钮" ◇ 将路径转
换为选区。使用工具箱中的"渐变"工
具 ▣，打开渐变填充的"编辑填充"对
话框，调整颜色填充、位置等具体参数，
完成渐变填充，如图5-65所示。

图5-65

选择这个图层，双击图层，打开"图
层样式"选项框，为该图层添加图层样
式，添加"斜面和浮雕"选项。"样式"
设置为内斜面，设置"深度"为100%，
"方向"设置为上，"大小"设置为1像素，

"软化"设置为0像素，"阴影角度"设置
为120°，"高度"设置为30°，"高光
不透明度"设置为75%，"阴影不透明度"
设置为75%。效果及具体参数如图5-66
所示。

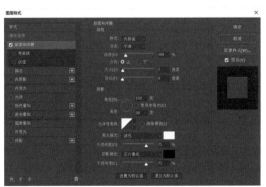

图5-66

使用工具箱中的"椭圆"工具 ◎，
属性栏里设置为路径选项 ◎ ▫ 路径 ，绘制
出镜头细节轮廓路径，单击路径面板的
"将路径作为选区载入按钮" ◇ 将路径转
换为选区。使用工具箱中的"渐变填充"
工具 ▣，打开渐变填充的"编辑填充"
对话框，调整颜色填充、位置等具体参
数，完成渐变填充，如图5-67所示。

图5-67

选择这个图层，双击图层，打开"图层样式"选项框，为该图层添加图层样
式，添加"斜面和浮雕"选项。"样式"设置为内斜面，"深度"设置为100%，"方
向"设置为上，"大小"设置为1像素，"软化"设置为0像素，"阴影角度"设置为
120°，"高度"设置为30°，"高光不透明度"设置为75%，"阴影不透明度"设置为
75%。效果及具体参数如图5-68所示。

图5-68

使用工具箱中的"椭圆"工具 ◎，
属性栏里设置为路径选项 ◎ ▫ 路径 ，绘制
出镜头细节轮廓路径，单击路径面板的
"将路径作为选区载入按钮" ◇ 将路径转
换为选区。使用工具箱中的"渐变填充"
工具 ▣，打开渐变填充的"编辑填充"
对话框，调整颜色填充、位置等具体参
数，完成渐变填充，如图5-69所示。

图5-69

使用工具箱中的"椭圆"工具◎，属性栏里设置为路径选项◎ 路径，绘制出镜头细节轮廓路径，单击路径面板的"将路径作为选区载入按钮"◇将路径转换为选区。使用工具箱中的"渐变填充"工具■，打开渐变填充的"编辑填充"对话框，调整颜色填充、位置等具体参数，完成渐变填充，如图5-70所示。

图5-70

使用工具箱中的"椭圆选框"工具◎绘制出镜头圆形选区，并使用快捷键Ctrl+T打开自由变化工具，对选区进行大小和位置的调整。使用工具箱中的"渐变填充"工具■，打开渐变填充的"编辑填充"对话框，调整颜色填充、位置等具体参数，完成渐变填充，如图5-71所示。

图5-71

使用工具箱中的"椭圆"工具◎，属性栏里设置为路径选项◎ 路径，绘制出镜头细节轮廓路径，单击路径面板的"将路径作为选区载入按钮"◇将路径转换为选区。使用工具箱中的"渐变填充"工具■，打开渐变填充的"编辑填充"对话框，调整颜色填充、位置等具体参数，完成渐变填充，如图5-72所示。

图5-72

选择这个图层，双击图层，打开"图层样式"选项框，为该图层添加图层样式，添加"斜面和浮雕"选项。"样式"设置为内斜面，"深度"设置为100%，"方向"设置为上，"大小"设置为1像素，"软化"设置为0像素，"阴影角度"设置为120°，"高度"设置为30°，"高光不透明度"设置为75%，"阴影不透明度"设置为75%。效果及具体参数如图5-73所示。

参照上面的方法，完成下面镜头的绘制，如图5-74所示。

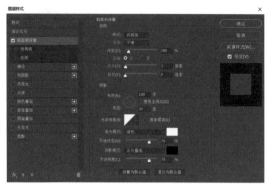

图5-73   图5-74

5.8.2　相机镜面颜色及材质表现

使用工具箱中的"椭圆选框"工具绘制出镜面选区，并使用快捷键Ctrl+T打开自由变化工具，对选区进行大小和位置的调整。打开拾色器，调整颜色，设置好工具箱中的前景色，使用快捷键Alt+Delete给镜面部分填充上颜色，如图5-75所示。

图5-75

新建一个图层，并选中新建图层。打开拾色器，调整颜色，设置好工具箱中的前景色。使用"画笔"工具，在镜面中间位置单击，画笔类型设置为柔边圆，"大小"设置为55像素，"硬度"设置为70%。效果及具体参数如图5-76所示。

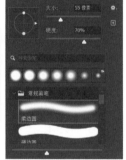

图5-76

参照上面的方法，完成下面镜面的绘制，如图 5-77 所示。

新建一个图层，并选中新建图层。按住 Ctrl 键的同时，用鼠标左键单击黑色镜面图层的缩略图，将镜面图层载入选区，如图 5-78 所示。打开拾色器，调整颜色，设置好工具箱中的前景色█。使用"画笔"工具█，在相应位置单击，画笔类型设置为柔边圆，"大小"设置为 55 像素，"硬度"设置为 0%。效果及具体参数如图 5-79 所示。

图 5-77

参照上面的方法，完成下面镜面的绘制，如图 5-80 所示。

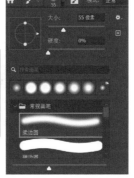

图 5-78　　　　图 5-79　　　　　　　　　　　　　　图 5-80

使用工具箱中的"钢笔"工具█绘制出相机镜头顶部的轮廓路径，单击路径面板的"将路径作为选区载入按钮"█将路径转换为选区。使用工具箱中的"渐变填充"工具█，打开渐变填充的"编辑填充"对话框，调整颜色填充、位置等具体参数，完成渐变填充，如图 5-81 所示。

图 5-81

选择这个图层，双击图层，打开"图层样式"选项框，为该图层添加图层样式，添加"斜面和浮雕"选项。"样式"设置为内斜面，"深度"设置为 225%，"方向"设置为上，"大小"设置为 2 像素，"软化"设置为 1 像素，"阴影角度"设置为 48°，"高度"设置为26°，"高光不透明度"设置为75%，"阴影不透明度"设置为48%。效果及具体参数如图5-82所示。

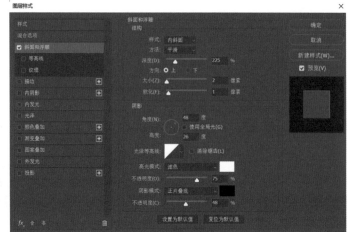

图5-82

5.9 相机皮革暗纹材质和细节表现

选中主体左边和右边图层，按快捷键Ctrl+J复制左边和右边图层。选中菜单命令栏中的滤镜命令，在下拉菜单里选择滤镜库，打开滤镜库，选择"纹理"下面的"彩色玻璃"类型，"单元格大小"设置为2，"边框粗细"设置为1，"光照强度"设置为1。选中菜单命令栏中的滤镜命令，在下拉菜单里选择"杂色"，选择杂色下面的"添加杂色"，打开添加杂色的对话框，"数量"设置为15%，"分布"设置为平均分布，勾选单色。图层混合模式选择"柔光"，填充设置为65%。效果及具体参数如图5-83~图5-85所示。

图5-83

图5-84　　　　　　　　　　　　　　　　　　　　　　　　图5-85

5.10 相机手柄区域细节表现

　　使用工具箱中的"矩形"工具■，属性栏里设置为路径选项■■ 路径 ，绘制出相机手柄细节轮廓路径，单击路径面板的"将路径作为选区载入按钮"◇将路径转换为选区。打开拾色器，调整颜色，设置好工具箱中的前景色，使用快捷键

图5-86

Alt+Delete给手柄部分填充上颜色，如图5-86所示。

　　选择这个图层，双击图层，打开"图层样式"选项框，为该图层添加图层样式，添加"斜面和浮雕"选项。"样式"设置为内斜面，"深度"设置为72%，"方向"设置为上，"大小"设置为1像素，"软化"设置为0像素，"阴影角度"设置为-54°，"高度"设置为16°，"高光不透明度"设置为75%，"阴影不透明度"设置为46%。效果及具体参数如图5-87所示。

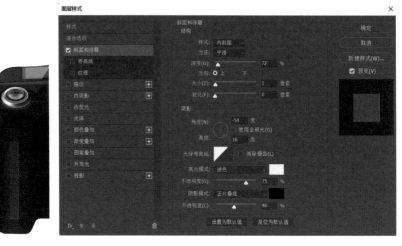

图5-87

使用工具箱中的"矩形"工具，属性栏里设置为路径选项，绘制出相机手柄细节轮廓路径，单击路径面板的"将路径作为选区载入按钮"将路径转换为选区。使用快捷键Ctrl+T打开自由变化工具，对选区进行大小和位置的调整。打开拾色器，调整颜色，设置好工具箱中的前景色，使用快捷键Alt+Delete给选中部分填充上颜色，如图5-88所示。

图5-88

使用工具箱中的"矩形"工具，属性栏里设置为路径选项，绘制出相机手柄细节轮廓路径，单击路径面板的"将路径作为选区载入按钮"将路径转换为选区。使用快捷键Ctrl+T打开自由变化工具，对选区进行大小和位置的调整。使用工具箱中的"渐变填充"工具，打开渐变填充的"编辑填充"对话框，调整颜色填充、位置等具体参数，完成渐变填充，如图5-89所示。

图5-89

5.11　相机闪光灯的材质和细节表现

使用工具箱中的"椭圆选框"工具 ⬚绘制出闪光灯圆形选区，并使用快捷键 Ctrl+T 打开自由变化工具，对选区进行大小和位置的调整。打开拾色器，调整颜色，设置好工具箱中的前景色，使用快捷键 Alt+Delete 给选中部分填充上颜色。如图 5-90 所示。

图 5-90

新建一个图层，并选中新建图层。按住 Ctrl 键的同时，用鼠标左键单击闪光灯图层的缩略图，将闪光灯图层载入选区。使用快捷键 Ctrl+T 打开自由变化工具，对选区进行等比缩放，调整其大小和位置，按回车键确定。使用工具箱中的"渐变填充"工具 ⬛，选择"椭圆形渐变"类型，完成渐变填充，如图 5-91 所示。

图 5-91

使用工具箱中的"椭圆选框"工具 ⬚绘制出闪光灯选区，并使用快捷键 Ctrl+T 打开自由变化工具，对选区进行

大小和位置的调整。打开拾色器，调整颜色，设置好工具箱中的前景色，使用快捷键 Alt+Delete 给闪光灯部分填充上颜色，如图 5-92 所示。

图 5-92

使用工具箱中的"钢笔"工具 ✑绘制出闪光灯细节的轮廓路径，单击路径面板的"将路径作为选区载入按钮" ◇将路径转换为选区。打开拾色器，调整颜色，设置好工具箱中的前景色，使用快捷键 Alt+Delete 给闪光灯部分填充上颜色。"图层透明度"设置为 40%，如图 5-93 所示。

图 5-93

新建一个图层，并选中新建图层。按住 Ctrl 键的同时，用鼠标左键单击闪光灯图层的缩略图，将闪光灯图层载入选区。使用"矩形"工具 ▭，属性栏选区设置为"与选区交叉" ⬚，拉

出矩形，绘制闪光灯细节选区，如图5-95所示。打开拾色器，调整颜色，设置好工具箱中的前景色，使用快捷键Alt+Delete给闪光灯部分填充上颜色。"图层透明度"设置为65%，如图5-96所示。效果如图5-94所示。

图5-94

参照上前面绘制按钮的方法，完成其他按钮部分的效果，如图5-97所示。

图5-95

图5-96

图5-97

5.12　相机镜头释放按钮的材质和细节表现

使用工具箱中的"椭圆选框"工具绘制出镜头释放按钮选区，并使用快捷键Ctrl+T打开自由变化工具，对选区进行大小和位置的调整。打开拾色器，调整颜色，设置好工具箱中的前景色，使用快捷键Alt+Delete给选中部分填充上颜色，如图5-98所示。

图5-98

选择这个图层，双击图层，打开"图层样式"选项框，为该图层添加图层样式，添加"斜面和浮雕"选项。"样式"设置为内斜面，"深度"设置为154%，"方向"设置为上，"大小"设置为1像素，"软化"设置为1像素，"阴影角度"设置为–95°，"高度"设置为0°，"高光不透明度"设置为75%，"阴影不透明度"设置为75%。效果及具体参数如图5–99所示。

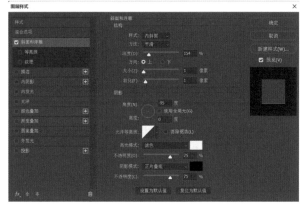

图5–99

参照上面绘制释放按钮的方法，完成其他区域部分的绘制，如图5–100和图5–101所示。

图5–100

图5–101

使用工具箱中的"钢笔"工具 绘制出高光轮廓路径，单击路径面板的"将路径作为选区载入按钮" 将路径转换为选区。打开拾色器，调整颜色，设置好工具箱中的前景色，使用快捷键Alt+Delete给选中部分填充上颜色，如图5–102所示。

图5–102

选择这个图层，双击图层，打开"图层样式"选项框，为该图层添加图层样式，添加"斜面和浮雕"选项。"样式"设置为内斜面，"深度"设置为21%，"方向"设置置为上，"大小"设置为2像素，"软化"设置为4像素，"阴影角度"设置为−90°，"高度"设置为11°，"高光不透明度"设置为74%，"阴影不透明度"设置为36%。效果及具体参数如图5-103所示。

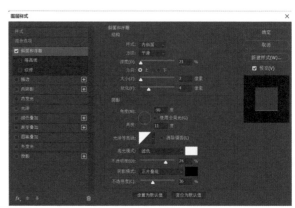

图5-103

5.13　相机旋钮的材质和细节表现

使用工具箱中的"钢笔"工具 ⌀ 绘制出相机旋钮的轮廓路径，单击路径面板的"将路径作为选区载入按钮" ◇ 将路径转换为选区。打开拾色器，调整颜色，设置好工具箱中的前景色，使用快捷键 Alt+Delete 给旋钮部分填充上黑色，如图5-104所示。

图5-104

新建一个图层，使用工具箱中的"矩形选框"工具 ▦ 绘制出按钮矩形选区。使用工具箱中的"渐变"工具 ▤，打开渐变填充的"编辑填充"对话框，调整颜色填充、位置等具体参数，完成渐变填充，如图5-105所示。

图5-105

选中菜单命令栏中的滤镜命令，在下拉菜单里选择"像素化"，选择像素化下面的"马赛克"，打开马赛克的对话框，"单元格大小"设置为62。效果及具体参数如图5-106所示。

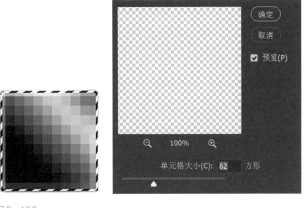

图5-106

将其复制为多个模块的长方形区域，如图5-107所示。

图5-107

将长方形区域移动到合适的位置，使用组合键Ctrl+T打开自由变化工具，单击鼠标右键，选择"变形"和"透视"命令，对其进行调整，按回车键确定。参照前面绘制按钮的方法，完成旋钮功能挡位的绘制，如图5-108所示。

图5-108

单反相机最终效果图如图5-109所示。

图5-109

Chapter

第6章 游戏手柄效果图的表现

6.1 绘制游戏手柄的基本轮廓图

6.2 游戏手柄主体材质和细节表现

6.3 方向按钮材质和细节表现

6.4 触摸板材质和细节表现

6.5 功能按钮材质和细节表现

6.6 操纵杆材质和细节表现

6.7 HOME 按钮材质和细节表现

6.8 音孔材质和细节表现

本章以游戏手柄为例，重点讲解如何运用Photoshop软件去表现游戏手柄曲线较多的造型、明暗关系及亚光塑料质感。亚光塑料材质是指表面平整，用树脂磨料等在表面进行较少的磨光处理。亚光塑料属于漫反射材质，具有一定的光度，其光度较磨光面低。亚光由于反射和折射较弱，光度较低，因此明暗变化柔和。此外，亚光塑料表面平整光滑，没有眩光，既有光泽度又显得庄重，经常应用在家具、手机、游戏手柄等电子产品的外壳上。游戏手柄效果如图6-1所示。

图6-1

6.1 绘制游戏手柄的基本轮廓图

游戏手柄大致可以分为8个部分，分别为方向按钮、左操纵杆、右操纵杆、触摸板、HOME按钮、功能按钮、开始按钮及音孔。在Photoshop软件中，首先使用工具箱中的"钢笔"工具 ✐ 绘制出游戏手柄的轮廓和细节，并用"直接选择"工具 ▶ 选中图形节点，调整图形中线条。轮廓图绘制如图6-2所示。

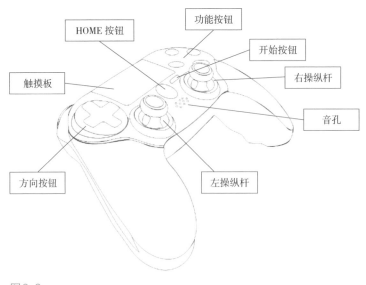

图6-2

6.2　游戏手柄主体材质和细节表现

使用工具箱中的"钢笔"工具🖊绘制出左手柄的轮廓路径，如图6-3所示。单击路径面板的"将路径作为选区载入按钮"◇将路径转换为选区。使用工具箱中的"渐变填充"工具🟦，打开渐变填充的"编辑填充"对话框，调整颜色填充、位置等具体参数，完成渐变填充。效果及颜色填充如图6-4所示。

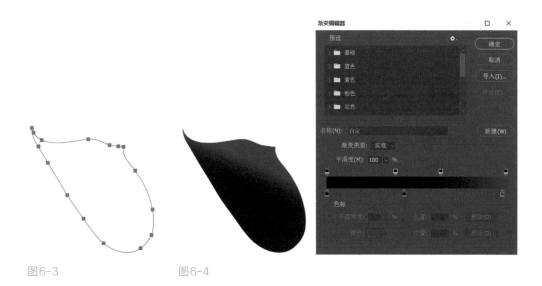

图6-3　　　　　　　　图6-4

使用工具箱中的"钢笔"工具🖊绘制出左手柄的细节轮廓路径，如图6-5所示。单击路径面板的"将路径作为选区载入按钮"◇将路径转换为选区。打开拾色器，调整颜色，设置好工具栏中的前景色，使用快捷键Alt+Delete给左手柄填充上颜色，如图6-6所示。

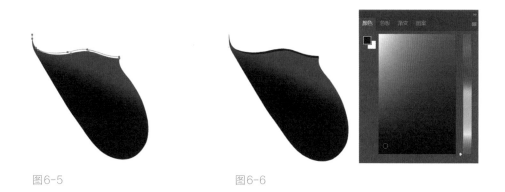

图6-5　　　　　　　　图6-6

　　使用工具箱中的"钢笔"工具 🖊 绘制出主体部分的轮廓路径，如图6-7所示。单击路径面板的"将路径作为选区载入按钮" ◇ 将路径转换为选区。使用工具箱中的"渐变填充"工具 ▧，打开渐变填充的"编辑填充"对话框，调整颜色填充、位置等具体参数，完成渐变填充。效果及颜色填充如图6-8所示。

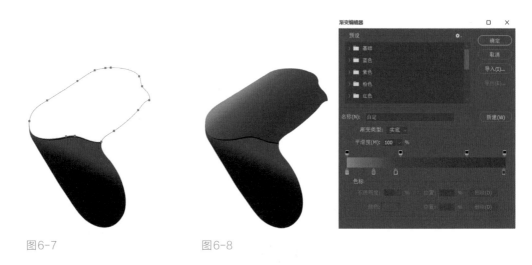

图6-7　　　　　　　　　　　　图6-8

　　选择这个图层，双击图层，打开"图层样式"选项框，为该图层添加图层样式，添加"斜面和浮雕"选项。"样式"设置为内斜面，"深度"设置为126%，"方向"设置为上，"大小"设置为14像素，"软化"设置为3像素，"阴影角度"设置为123°，"高度"设置为37°，"高光不透明度"设置为36%，"阴影不透明度"设置为100%。效果及具体参数如图6-9和图6-10所示。

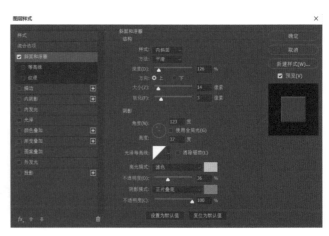

图6-9　　　　　　　　　　　　图6-10

使用工具箱中的"钢笔"工具 ∅ 绘制出主体的细节轮廓路径，如图6-11所示。单击路径面板的"将路径作为选区载入按钮" ◇ 将路径转换为选区。打开拾色器，调整颜色，设置好工具栏中的前景色，使用快捷键 Alt+Delete 给主体细节填充上颜色，如图6-12所示。

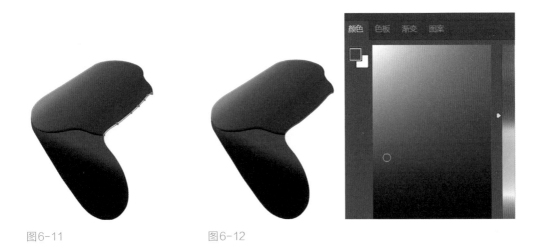

图6-11　　　　　　　图6-12

使用工具箱中的"钢笔"工具 ∅ 绘制出右手柄的轮廓路径，如图6-13所示。单击路径面板的"将路径作为选区载入按钮" ◇ 将路径转换为选区。使用工具箱中的"渐变填充"工具 ▣，打开渐变填充的"编辑填充"对话框，调整颜色填充、位置等具体参数，完成渐变填充。效果及颜色填充如图6-14所示。

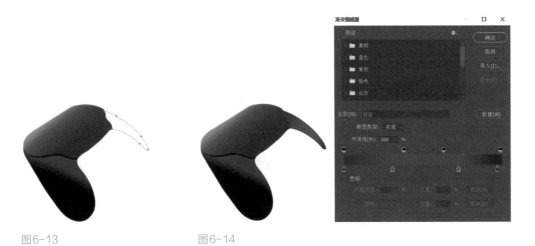

图6-13　　　　　　　图6-14

使用工具箱中的"钢笔"工具 ◊ 绘制出右手柄厚度的轮廓路径，如图6-15所示。单击路径面板的"将路径作为选区载入按钮" ◊ 将路径转换为选区。使用工具箱中的"渐变填充"工具 ■，打开渐变填充的"编辑填充"对话框，调整颜色填充、位置等具体参数，完成渐变填充。效果及颜色填充如图6-16所示。

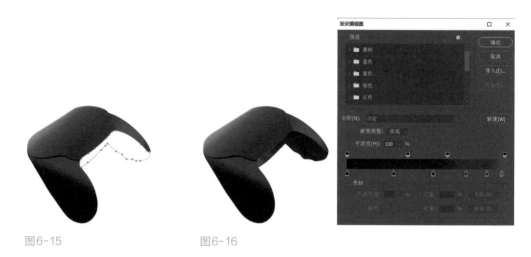

图6-15   图6-16

使用工具箱中的"钢笔"工具 ◊ 绘制出主体的细节轮廓路径，如图6-17所示。单击路径面板的"将路径作为选区载入按钮" ◊ 将路径转换为选区。打开拾色器，调整颜色，设置好工具栏中的前景色，使用快捷键Alt+Delete给主体细节填充上颜色，如图6-18所示。

图6-17   图6-18

使用工具箱中的"钢笔"工具 ◊ 绘制出主体其他细节轮廓路径。参照上面的方法，完成其他细节部分的绘制，如图6-19~图6-21所示。

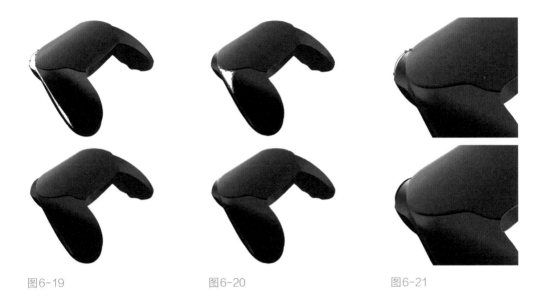

图6-19　　　　　　　图6-20　　　　　　　图6-21

6.3　方向按钮材质和细节表现

使用工具箱中的"钢笔"工具 绘制出方向按钮的轮廓路径，如图6-22所示。单击路径面板的"将路径作为选区载入按钮" 将路径转换为选区。使用工具箱中的"渐变填充"工具 ，打开渐变填充的"编辑填充"对话框，调整颜色填充、位置等具体参数，完成渐变填充。效果及颜色填充如图6-23所示。

图6-22　　　　　　　图6-23

选择这个图层，双击图层，打开"图层样式"选项框，为该图层添加图层样式，添加"斜面和浮雕"选项。"样式"设置为内斜面，"深度"设置为74%，"方向"设置为上，"大小"设置为5像素，"软化"设置为5像素，"阴影角度"设置为90°，"高度"设置为21°，"高光不透明度"设置为50%，"阴影不透明度"设置为100%。效果及具体参数如图6-24和图6-25所示。

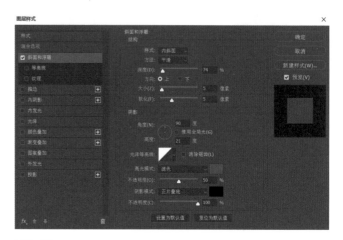

图6-24   图6-25

使用工具箱中的"钢笔"工具 ✐ 绘制出方向按钮区域厚度的轮廓路径，如图6-26所示。单击路径面板的"将路径作为选区载入按钮" ◇ 将路径转换为选区。打开拾色器，调整颜色，设置好工具栏中的前景色，使用快捷键Alt+Delete给厚度部分填充上颜色，如图6-27所示。

图6-26   图6-27

　　使用工具箱中的"钢笔"工具 绘制出按钮的轮廓路径，如图6-28所示。单击路径面板的"将路径作为选区载入按钮" 将路径转换为选区。使用工具箱中的"渐变填充"工具 ，打开渐变填充的"编辑填充"对话框，调整颜色填充、位置等具体参数，完成渐变填充。效果及颜色填充如图6-29所示。

图6-28　　　　　　　　图6-29

　　选择这个图层，双击图层，打开"图层样式"选项框，为该图层添加图层样式，添加"斜面和浮雕"选项。"样式"设置为内斜面，"深度"设置为74%，"方向"设置为上，"大小"设置为7像素，"软化"设置为5像素，"阴影角度"设置为90°，"高度"设置为21°，"高光不透明度"设置为100%，"阴影不透明度"设置为63%。效果及具体参数如图6-30和图6-31所示。

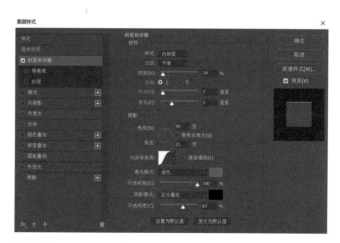

图6-30　　　　　　　　图6-31

使用工具箱中的"钢笔"工具  绘制出按钮其他细节轮廓路径。参照上面的方法，完成其他细节部分的效果，如图6-32所示。

图6-32

6.4 触摸板材质和细节表现

使用工具箱中的"钢笔"工具 绘制出触摸板的轮廓路径，单击路径面板的"将路径作为选区载入按钮" 将路径转换为选区。使用工具箱中的"渐变填充"工具 ，打开渐变填充的"编辑填充"对话框，调整颜色填充、位置等具体参数，完成渐变填充，如图6-33所示。

选择这个图层，双击图层，打开"图层样式"选项框，为该图层添加图层样式，添加"斜面和浮雕"选项。"样式"设置为内斜面，"深度"设置为1%，"方向"设置为上，"大小"设置为1像素，"软化"设置为4像素，"阴影角度"设置为90°，"高度"设置为21°，"高光不透明度"设置为63%，"阴影不透明度"设置为100%。效果及具体参数如图6-34和图6-35所示。

图6-33

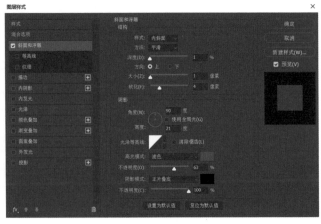

图6-34   图6-35

使用工具箱中的"钢笔"工具绘制出触摸板其他细节轮廓路径。参照上面的方法，完成其他细节部分的绘制，如图6-36和图6-37所示。

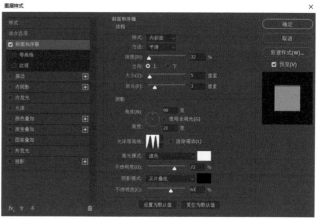

图6-36

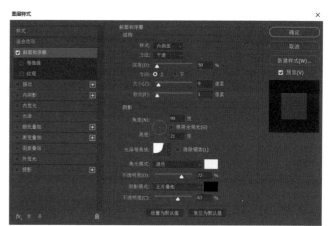

图6-37

6.5　功能按钮材质和细节表现

使用工具箱中的"椭圆"工具，属性栏里设置为路径选项，绘制出功能按钮轮廓路径，如图6-38所示。单击路径面板的"将路径作为选区载入按钮"

将路径转换为选区。使用工具箱中的"渐变填充"工具▨，打开渐变填充的"编辑填充"对话框，调整颜色填充、位置等具体参数，完成渐变填充，如图6-39所示。

图6-38

图6-39

使用工具箱中的"钢笔"工具✏绘制出功能按钮厚度和阴影的轮廓路径，如图6-40所示。单击路径面板的"将路径作为选区载入按钮"◈将路径转换为选区。调整颜色，给厚度和阴影部分填充上颜色，如图6-41所示。

参照上面的方法，完成其他功能按钮部分的效果，如图6-42所示。

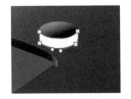

图6-40

图6-41

图6-42

6.6　操纵杆材质和细节表现

使用工具箱中的"椭圆"工具▨，属性栏里设置为路径选项▨　　，绘制出操纵杆轮廓路径，如图6-43所示。单击路径面板的"将路径作为选区载入按钮"◈将路径转换为选区。使用工具箱中的"渐变填充"工具▨，打开渐变填充的"编辑填充"对话框，调整颜色填充、位置等具体参数，完成渐变填充，并使用快捷键Ctrl+T打开自由变化工具，对选区进行大小和位置的调整，如图6-44所示。

图6-43　　　　　　　　　图6-44

使用工具箱中的"钢笔"工具 🖊 绘制出操纵杆厚度的轮廓路径，如图6-45所示。单击路径面板的"将路径作为选区载入按钮" ◇ 将路径转换为选区。使用工具箱中的"渐变填充"工具 ■，打开渐变填充的"编辑填充"对话框，调整颜色填充、位置等具体参数，完成渐变填充。具体参数如图6-46所示。

图6-45　　　　　　　　　图6-46

使用工具箱中的"椭圆"工具 ◯，属性栏里设置为路径选项 ⬛ ▢ ，绘制出操纵杆细节轮廓路径，单击路径面板的"将路径作为选区载入按钮" ◇ 将路径转换为选区。调整颜色，给细节部分填充上颜色，如图6-47所示。

图6-47

使用工具箱中的"钢笔"工具 绘制出操纵杆细节的轮廓路径，单击路径面板的"将路径作为选区载入按钮" 将路径转换为选区。调整颜色，给细节部分填充上颜色，如图6-48和图6-49所示。

图6-48

图6-49

使用工具箱中的"钢笔"工具 绘制出阴影和高光部分的轮廓路径，如图6-50所示。单击路径面板的"将路径作为选区载入按钮" 将路径转换为选区。调整颜色，给阴影和高光部分填充上颜色，如图6-51和图6-52所示。

图6-50 图6-51

图6-52

使用工具箱中的"椭圆"工具，属性栏里设置为路径选项，绘制出操纵杆顶端轮廓路径，如图6-53所示。单击路径面板的"将路径作为选区载入按钮"将路径转换为选区。使用工具箱中的"渐变填充"工具，打开渐变填充的"编辑填充"对话框，调整颜色填充、位置等具体参数，完成渐变填充，并使用快捷键Ctrl+T打开自由变化工具，对选区进行大小和位置的调整，如图6-54所示。

图6-53

图6-54

选择这个图层，双击图层，打开"图层样式"选项框，为该图层添加图层样式，添加"斜面和浮雕"选项。"样式"设置为内斜面，"深度"设置为126%，"方向"设置为上，"大小"设置为3像素，"软化"设置为3像素，"阴影角度"设置为123°，"高度"设置为37°，"高光不透明度"设置为36%，"阴影不透明度"设置为100%。效果及具体参数如图6-55和图6-56所示。

图6-55

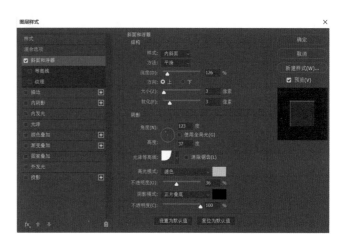

图6-56

使用工具箱中的"钢笔"工具 绘制出操纵杆厚度的轮廓路径，如图6-57所示。单击路径面板的"将路径作为选区载入按钮" 将路径转换为选区。使用工具箱中的"渐变填充"工具 ，打开渐变填充的"编辑填充"对话框，调整颜色填充、位置等具体参数，完成渐变填充。效果及具体参数如图6-58所示。

图6-57   图6-58

使用工具箱中的"椭圆"工具 ，属性栏里设置为路径选项 ，绘制出操纵杆顶端细节轮廓路径，如图6-59所示。单击路径面板的"将路径作为选区载入按钮" 将路径转换为选区。使用工具箱中的"渐变填充"工具 ，打开渐变填充的"编辑填充"对话框，调整颜色填充、位置等具体参数，完成渐变填充，并使用快捷键Ctrl+T打开自由变化工具，对选区进行大小和位置的调整，如图6-60所示。

图6-59   图6-60

选择这个图层，双击图层，打开"图层样式"选项框，为该图层添加图层样式，添加"斜面和浮雕"选项。"样式"设置为内斜面，"深度"设置为251%，"方向"设置为上，"大小"设置为0像素，"软化"设置为2像素，"阴影角度"设置为-67°，"高度"设置为16°，"高光不透明度"设置为39%，"阴影不透明度"设置为42%。效果及具体参数如图6-61和图6-62所示。

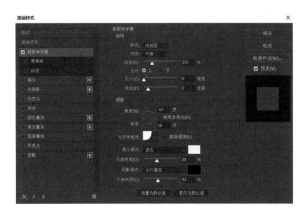

图6-61　　　　　　　　　　　　图6-62

参照上面的方法，完成阴影部分的绘制，如图6-63所示。

图6-63

6.7　HOME 按钮材质和细节表现

使用工具箱中的"椭圆选框"工具绘制出HOME按钮椭圆形区域选区，如图6-64所示。使用工具箱中的"渐变填充"工具，打开渐变填充的"编辑填充"对话框，调整颜色填充、位置等具体参数，完成渐变填充，并使用快捷键Ctrl+T打开自由变化工具，对选区进行大小和位置的调整，如图6-65所示。

图6-64

图6-65

选择这个图层，双击图层，打开"图层样式"选项框，为该图层添加图层样式，添加"斜面和浮雕"选项。"样式"设置为内斜面，"深度"设置为32%，"方向"设置为上，"大小"设置为5像素，"软化"设置为1像素，"阴影角度"设置为90°，"高度"设置为21°，"高光不透明度"设置为72%，"阴影不透明度"设置为63%。效果及具体参数如图6-66和图6-67所示。

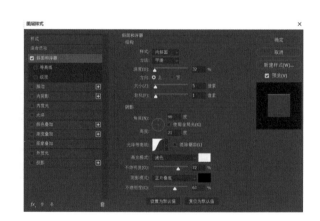

图6-66

图6-67

使用工具箱中的"椭圆选框"工具绘制出HOME按钮椭圆形选区。打开拾色器，调整颜色，设置好工具栏中的前景色，使用快捷键Alt+Delete给选中部分填充上颜色，如图6-68所示。

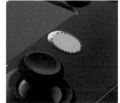

图6-68

参照之前的方法，完成阴影和高光部分的绘制，如图6-69所示

参照之前的方法，完成开始按钮和右操纵杆部分的绘制，如图6-70所示。

图6-69

图6-70

6.8　音孔材质和细节表现

使用工具箱中的"椭圆选框"工具绘制出音孔椭圆形选区。使用工具箱中的"渐变填充"工具，打开渐变填充的"编辑填充"对话框，调整颜色填充、位置等具体参数，完成渐变填充，并使用快捷键Ctrl+T打开自由变化工具，对选区进行大小和位置的调整，如图6-71所示。

图6-71

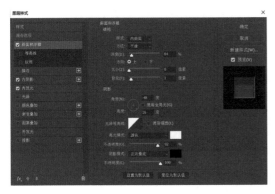

图6-72

选择这个图层，双击图层，打开"图层样式"选项框，为该图层添加图层样式，添加"斜面和浮雕"选项。"样式"设置为内斜面，"深度"设置为84%，"方向"设置为上，"大小"设置为0像素，"软化"设置为1像素，"阴影角度"设置为-48°，"高度"设置为16°，"高光不透明度"设置为92%，"阴影不透明度"设置为100%。具体参数如图6-72所示。

　　继续为该图层添加图层样式，添加"内阴影"选项。"混合模式"设置为正片叠底，"不透明度"设置为18%，"角度"设置为90°，"距离"设置为85像素，"阻塞"设置为32%，"大小"设置为54像素，"杂色"设置为0。具体参数如图6-73所示。

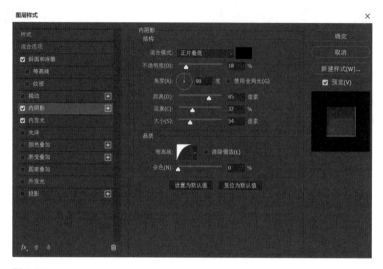

图6-73

　　继续为该图层添加图层样式，添加"内发光"选项。"混合模式"设置为滤色，"不透明度"设置为39%，"阻塞"设置为0，"大小"设置为3像素，"杂色"设置为0%。具体参数如图6-74所示。

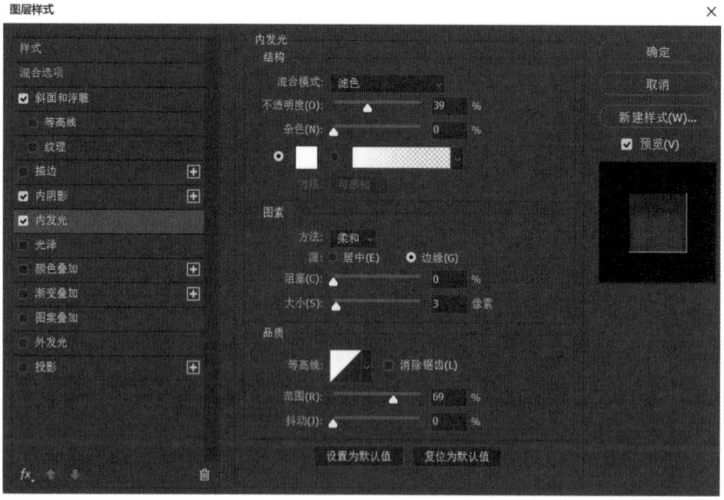

图6-74

将做好的单个音孔进行复制粘贴，调整位置。效果如图6-75所示。

图6-75

参照前面的方法，完成游戏手柄阴影和最终效果图，如图6-76所示。

图6-76

Chapter

7

第 7 章

耳机效果图的表现

7.1　绘制耳机的基本轮廓图

7.2　耳机腔体材质和细节表现

7.3　耳机耳塞材质和细节表现

7.4　耳机后壳材质和细节表现

7.5　耳机后盖材质和细节表现

7.6　耳机接头材质和细节表现

7.7　耳机套管材质和细节表现

本章以耳机为例，重点讲解如何运用CorelDRAW软件去表现耳机的曲线造型、明暗关系及塑料、金属质感。如图7-1所示为耳机效果图。

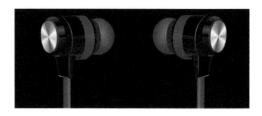

图7-1

7.1　绘制耳机的基本轮廓图

耳机大致可以分为6个部分，分别为腔体、耳塞、后壳、后盖、接头及套管。在CorelDRAW软件中，首先使用工具箱中的"钢笔"工具 ✎ 绘制出耳机的轮廓和细节，并用"形状"工具 ⟍ 选中图形节点，调整图形中线条。轮廓图绘制如图7-2所示。

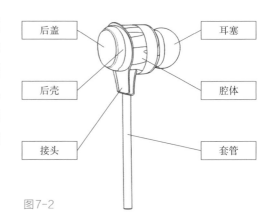

后盖　　　　耳塞

后壳　　　　腔体

接头　　　　套管

图7-2

7.2　耳机腔体材质和细节表现

耳机腔体效果如图7-3所示。

7.2.1　耳机腔体颜色及材质表现

使用工具箱中的"钢笔"工具 ✎ 绘制耳机腔体轮廓，如图7-4所示，取消其轮廓线。使用"交互式填充工具" ◈，单击属性栏中的"渐变填充"按钮 ▱（快捷键F11），打开渐变填充的"编辑填充"对话框，调整颜色填充和具体参数，完成渐变填充。效果及颜色填充参数如图7-5所示。

图7-3

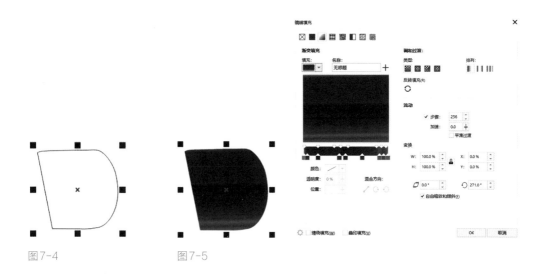

图7-4　　　　　　图7-5

7.2.2　腔体部件材质及细节表现

腔体如图7-6所示。

使用工具箱中的"钢笔"工具 🖋 绘制腔体部件1-1和部件1-2，取消其轮廓线。使用"交互式填充工具" 🖢，单击属性栏中的"纯色填充"按钮 ■，或使用界面右侧调色板选择颜色，进行颜色填充。使用"透明度工具" 🎨，单击属性栏中的"渐变透明度" 🖢，拉出渐变透明的方向，完成透明度的调整，如图7-7和图7-8所示。效果如图7-9所示。

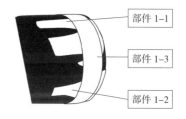

图7-6

图7-7　　　　　　　　图7-8　　　　　　　　图7-9

　　选中腔体，复制并粘贴一个相同的形状，选中其结构点，按住Shift键的同时，按住鼠标左键，进行等比缩放，并调整位置，如图7-10所示。使用"对象"命令下面的"造型"命令，选择"形状"，打开形状窗口，在选项框里选择修剪，在修剪复选框里勾选"保留原目标对象"，用图7-10的形状修剪腔体的形状，如图7-11所示。得到修剪后的部件1-3的形状，调整形状位置，如图7-12所示。

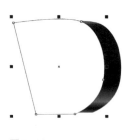

图7-10

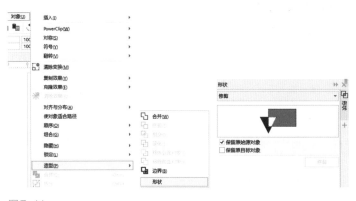

图7-11

图7-12

　　选中部件1-3，如图7-13所示。使用"交互式填充工具" 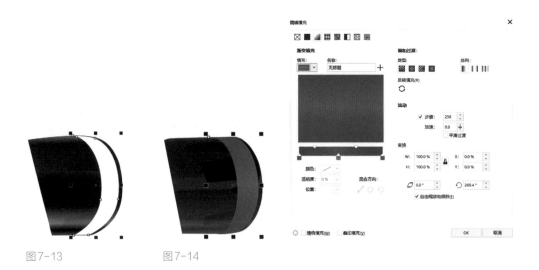，单击属性栏中的"渐变填充"按钮▇（快捷键F11），打开渐变填充的"编辑填充"对话框，调整颜色填充和具体参数，完成渐变填充。效果及颜色填充参数如图7-14所示。

图7-13　　　　图7-14

7.3　耳机耳塞材质和细节表现

耳机耳塞部分效果如图7-15所示。

图7-15

7.3.1　耳塞主体颜色及材质表现

使用工具箱中的"椭圆工具"○绘制出耳塞的轮廓，如图7-16所示。使用"对象"命令下面的"造型"命令，选择"形状"，打开形状窗口，在选项框里选择修剪，如图7-17所示。用腔体的轮廓修剪耳塞的形状，得到修剪后的形状，如图7-18所示。

图7-16

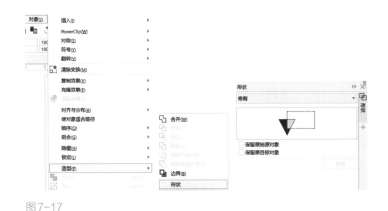

图7-17

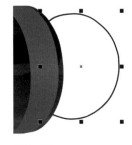

图7-18

选择修剪后的形状，如图7-19所示。使用"交互式填充工具"◇，单击属性栏中的"渐变填充"按钮■（快捷键F11），打开渐变填充的"编辑填充"对话框，调整颜色填充和具体参数，完成渐变填充。效果及颜色填充参数如图7-20所示。

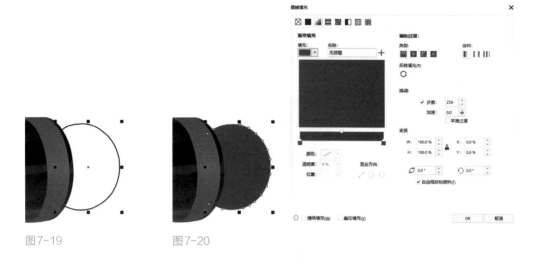

图7-19　　　　　图7-20

7.3.2　耳塞部件材质及细节表现

耳塞部件如图7-21所示。

选中上一步修剪后的形状作为原始对象，将其复制并粘贴为一个相同的形状，进行位置调整，如图7-22所示。使用"对象"命令下面的"造型"命令，选择"形状"，打开形状窗口，在选项框里选择修剪，在修剪复选框里勾选"保留原目标对象"，用新的形状去修剪耳塞主体形状，得到修剪后的部件2-1的形状，如图7-23和图7-24所示。

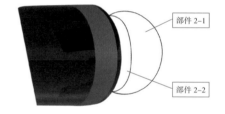

图7-21

接着使用"交互式填充工具" ，单击属性栏中的"渐变填充"按钮 （快捷键F11），打开渐变填充的"编辑填充"对话框，调和过渡类型，选择"椭圆形渐变填充"，调整颜色填充和具体参数，完成渐变填充。具体颜色填充和参数如图7-25所示。

图7-22

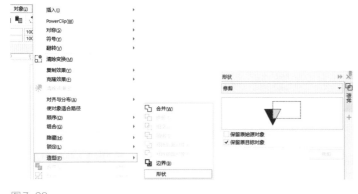

图7-23

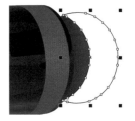

图7-24

图7-25

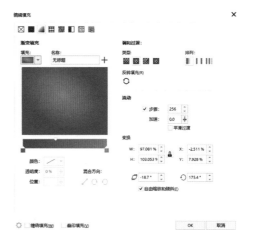

选中部件 2-1，将形状稍微拉大，如图 7-26 所示。打开形状窗口，在选项框里选择修剪，在修剪复选框里勾选"保留原始源对象"，用形状 2-1 去修剪耳塞主体形状，得到修剪后的部件 2-2 的形状，调整形状的大小和位置，如图 7-27 和图 7-28 所示。

图7-26

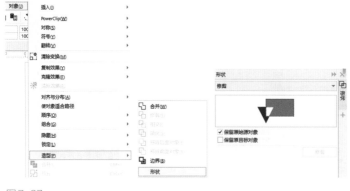

图7-27

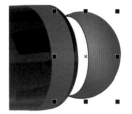

图7-28

接着使用"交互式填充工具" ，单击属性栏中的"渐变填充"按钮 ◢（快捷键F11），打开渐变填充的"编辑填充"对话框，调整颜色填充和具体参数，完成渐变填充。效果及颜色填充参数如图7-29和图7-30所示。

图7-29

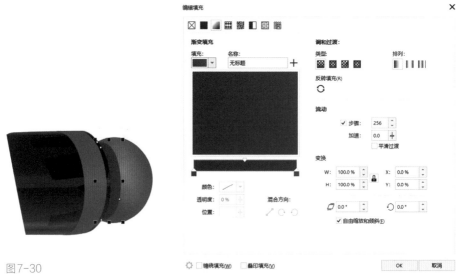

图7-30

7.4　耳机后壳材质和细节表现

耳机后壳效果如图 7-31 所示。

图 7-31

7.4.1　后壳颜色及材质表现

用工具箱中的"钢笔"工具✍绘制出耳机后壳的轮廓，如图 7-32 所示，取消其轮廓线。使用交互式填充工具"◈，单击属性栏中的"渐变填充"按钮◪（快捷键 F11），打开渐变填充的"编辑填充"对话框，调整颜色填充和具体参数，完成渐变填充。效果及颜色填充参数如图 7-33 所示。

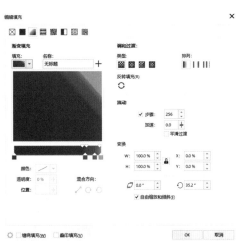

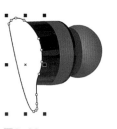

图 7-32

图 7-33

7.4.2　后壳部件材质及细节表现

后壳部件如图 7-34 所示。

用工具箱中的"钢笔"工具✍绘制部件体 3-1 的轮廓，取消其轮廓线。使用"交互式填充工具"◈，单击属性栏中的"纯色填充"按钮■，或使用界面右侧调色板选择颜色进行颜色填充，如图 7-35 所示。

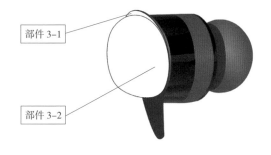

图 7-34

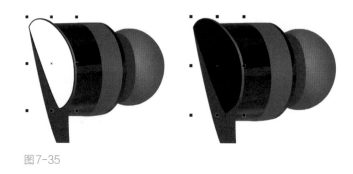

图7-35

使用工具箱中的"椭圆形工具"○绘制出部件3-2的轮廓，使用属性栏中的"转换为曲线"♂按钮（或使用快捷键Ctrl+Q），调整图形中线条的弧度，轮廓图绘制如图7-36所示，取消其轮廓线。使用"交互式填充工具"◇，单击属性栏中的"渐变填充"按钮▨（快捷键F11），打开渐变填充的"编辑填充"对话框，调整颜色填充和具体参数，完成渐变填充。效果及颜色填充参数如图7-37所示。

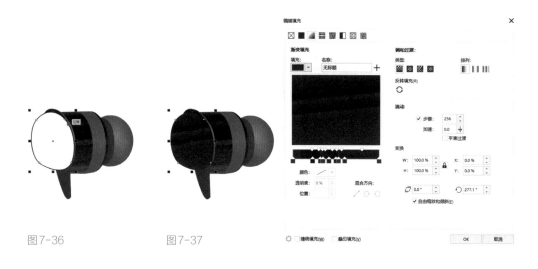

图7-36　　　　　图7-37

7.5　耳机后盖材质和细节表现

耳机后盖效果如图7-38所示。

图7-38

7.5.1　后盖主体颜色及材质表现

使用工具箱中的"钢笔"工具 绘制出耳机后盖的轮廓，如图7-39所示，取消其轮廓线。使用"交互式填充工具" ，单击属性栏中的"渐变填充"按钮 （快捷键F11），打开渐变填充的"编辑填充"对话框，调整颜色填充和具体参数，完成渐变填充。效果及颜色填充参数如图7-40所示。

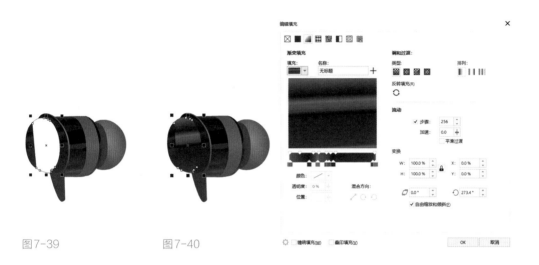

图7-39　　　　　图7-40

7.5.2　后盖部件材质及细节表现

后盖部件如图7-41所示。

使用工具箱中的"三点椭圆形工具" 3 点椭圆形(3)（长按鼠标左键，打开"椭圆工具" 隐藏下的三点椭圆形工具），绘制出部件4-1的轮廓，使用属性栏中的"转换为曲线" 按钮（或使用快捷键Ctrl+Q），调整图形中线条的弧度，轮廓图绘制如图7-42所示。

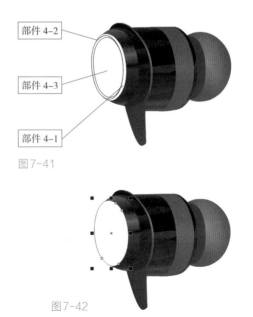

图7-41

图7-42

取消部件4-1的轮廓线，使用"交互式填充工具"，单击属性栏中的"渐变填充"按钮（快捷键F11），打开渐变填充的"编辑填充"对话框，调整颜色填充和具体参数，完成渐变填充。效果及颜色填充参数如图7-43所示。

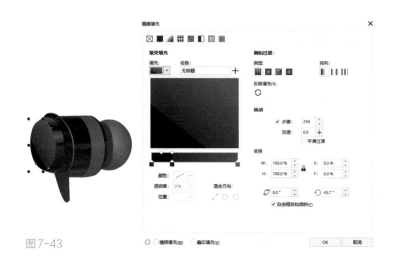

图7-43

使用工具箱中的"三点椭圆形工具" 3点椭圆形(3)（长按鼠标左键，打开"椭圆工具"隐藏下的三点椭圆形工具），绘制出部件4-2的轮廓，使用属性栏中的"转换为曲线"按钮（或使用快捷键Ctrl+Q），调整图形中线条的弧度，轮廓图绘制如图7-44所示。

取消部件4-2的轮廓线，使用"交互式填充工具"，单击属性栏中的"渐变填充"按钮（快捷键F11），打开渐变填充的"编辑填充"对话框，调整颜色填充和具体参数，完成渐变填充。效果及颜色填充参数如图7-45所示。

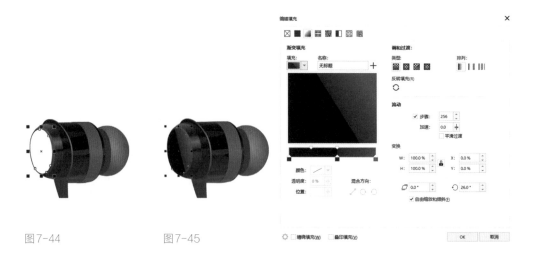

图7-44　　　　　图7-45

使用工具箱中的"三点椭圆形工具" <kbd>3 点椭圆形(3)</kbd>（长按鼠标左键，打开"椭圆工具" 隐藏下的三点椭圆形工具），绘制出部件 4-3 的轮廓，使用属性栏中的"转换为曲线" 按钮（或使用快捷键 Ctrl+Q），调整图形中线条的弧度，轮廓图绘制如图 7-46 所示。

取消部件 4-3 的轮廓线，使用"交互式填充工具" ，单击属性栏中的"渐变填充"按钮 （快捷键 F11），打开渐变填充的"编辑填充"对话框，调整颜色填充和具体参数，完成渐变填充。效果及颜色填充参数如图 7-47 所示。

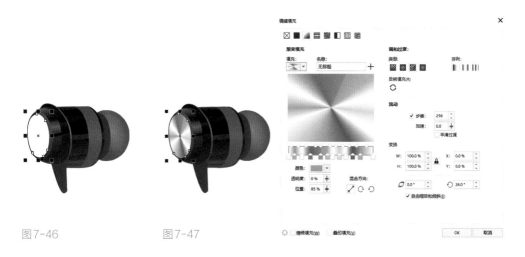

图 7-46　　　　图 7-47

单击菜单栏中的"位图"命令按钮，选择下面的子命令"转换为位图"按钮，将部件 4-3 矢量图形转换为位图。单击菜单栏中的"效果"命令按钮，选择下面的子命令"杂点"按钮，再选择"添加杂点"按钮。具体参数如图 7-48 和图 7-49 所示。

图 7-48

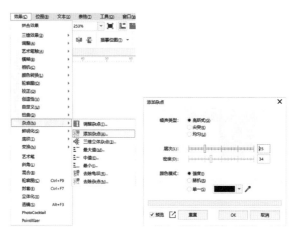

图 7-49

单击菜单栏中的"效果"命令按钮，选择下面的子命令"模糊"按钮，再选择"放射式模糊"按钮。具体参数如图7-50所示。效果如图7-51所示。

图7-50

图7-51

7.6　耳机接头材质和细节表现

耳机接头效果如图7-52所示。

7.6.1　接头主体颜色及材质表现

用工具箱中的"钢笔"工具绘制出耳机接头的轮廓，取消其轮廓线。使用"交互式填充工具"，单击属性栏中的"纯色填充"按钮■，或使用界面右侧调色板选择颜色进行填充，如图7-53所示。

图7-52

图7-53

7.6.2　接头部件材质及细节表现

接头部件如图7-54所示。

用工具箱中的"钢笔"工具 绘制出部件体5-1的轮廓，取消其轮廓线。使用"交互式填充工具" ，单击属性栏中的"纯色填充"按钮 ■，或使用界面右侧调色板选择颜色进行填充，如图7-55所示。

部件5-1　　部件5-2

图7-54　　　　　　　　　　图7-55

用工具箱中的"钢笔"工具 绘制出高光部分轮廓，如图7-56所示，取消其轮廓线。使用"交互式填充工具" ，单击属性栏中的"渐变填充"按钮 （快捷键F11），打开渐变填充的"编辑填充"对话框，调整颜色填充和具体参数，完成渐变填充。效果及颜色填充参数如图7-57所示。

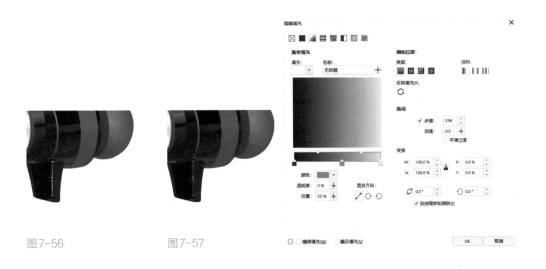

图7-56　　　　　　图7-57

单击菜单栏中的"位图"命令按钮，选择下面的子命令"转换为位图"按钮，将高光部分矢量图形转换为位图。单击菜单栏中的"效果"命令按钮，选择下面的子命令"模糊"按钮，再选择"高斯式模糊"按钮，将高光做模糊处理。具体参数如图7-58和图7-59所示。效果如图7-60所示。

图7-58

图7-59

图7-60

选择耳机接头形状，复制并粘贴为一个相同的形状，按住Shift键的同时，按住鼠标左键，进行等比缩放，如图7-61所示。使用"对象"命令下面的"造型"命令，选择"形状"，打开形状窗口，在选项框里选择修剪，如图7-62所示。用前面的形状修剪后面的形状，得到部件5-2的形状，如图7-63所示。

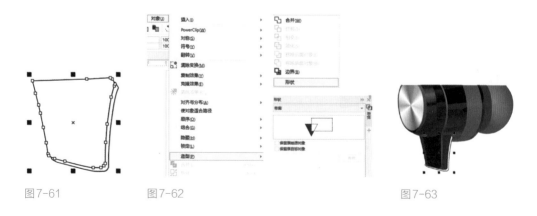

图7-61

图7-62

图7-63

接着使用"交互式填充工具" ，单击属性栏中的"渐变填充"按钮 ▣（快捷键 F11），打开渐变填充的"编辑填充"对话框，调整颜色填充和具体参数，完成渐变填充。效果及颜色填充参数如图7-64所示。

图7-64

7.7　耳机套管材质和细节表现

耳机套管效果如图7-65所示。

7.7.1　套管颜色及材质表现

使用工具箱中的"矩形"工具 ▯ 绘制出套管轮廓，如图7-66所示，取消其轮廓线。使用"交互式填充工具" ◈，单击属性栏中的"渐变填充"按钮 ▣（快捷键F11），打开渐变填充的"编辑填充"对话框，调整颜色填充和具体参数，完成渐变填充。效果及颜色填充参数如图7-67所示。

图7-65　　　　　　　　图7-66

图7-67

7.7.2　套管部件材质及细节表现

使用工具箱中的"三点椭圆形工具" 3点椭圆形⑶（长按鼠标左键，打开"椭圆工具"〇.隐藏下的三点椭圆形工具），绘制出套管的底座轮廓，使用属性栏中的"转换为曲线" ⛯ 按钮（或使用快捷键Ctrl+Q），调整图形中线条的弧度，如图7-68所示，取消其轮廓线。使用"交互式填充工具" ◈，单击属性栏中的"渐变填充"按钮 ◣（快捷键F11），打开渐变填充的"编辑填充"对话框，调整颜色填充和具体参数，完成渐变填充。效果及颜色填充参数如图7-69所示。

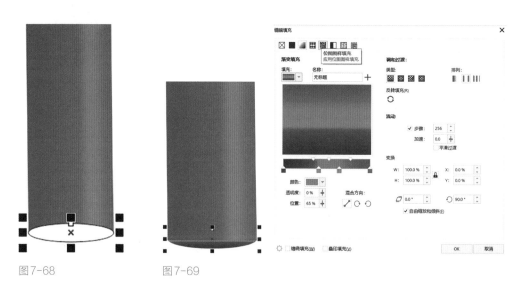

图7-68　　　　图7-69

耳机最终效果如图7-70所示。

图7-70

Chapter

第8章

鼠标效果图的表现

8.1 绘制鼠标正面的基本轮廓图
8.2 鼠标底座材质和细节表现
8.3 鼠标主体材质和细节表现
8.4 鼠标按键材质和细节表现
8.5 鼠标插线部分材质和细节表现
8.6 绘制鼠标侧面的基本轮廓图
8.7 鼠标侧面主体材质和细节表现
8.8 鼠标侧面底部材质和细节表现
8.9 鼠标侧面外壳材质和细节表现
8.10 鼠标侧面按键材质和细节表现
8.11 鼠标插线部分材质和细节表现

本章以鼠标为例，重点讲解如何运用CorelDRAW软件去表现鼠标正面和侧面的复杂曲面、明暗关系及塑料质感、高反光塑料质感和表面带肌理的塑料质感。如图8-1所示为鼠标效果。

图8-1

8.1　绘制鼠标正面的基本轮廓图

鼠标正面大致可以分为9个部分，分别为左键、右键、滚轮中键、前进、返回、DPI循环、Alt、Ctrl及切换配置文件。在CorelDRAW软件中，使用工具箱中的"钢笔"工具 绘制出鼠标的轮廓和细节，并用"形状"工具 选中图形节点，调整图形中的线条。轮廓图绘制如图8-2所示。

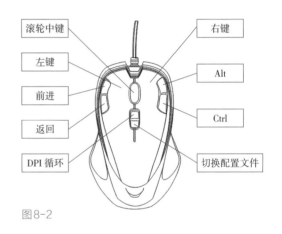

图8-2

8.2　鼠标底座材质和细节表现

鼠标底座效果如图8-3所示。

图8-3

8.2.1　底座颜色及材质表现

　　使用工具箱中的"钢笔"工具 绘制出鼠标底座的轮廓，如图 8-4 所示，取消其轮廓线。使用"交互式填充工具" ，单击属性栏中的"渐变填充"按钮 （快捷键 F11），打开渐变填充的"编辑填充"对话框，调整颜色填充和具体参数，完成渐变填充。效果及颜色填充参数如图 8-5 所示。

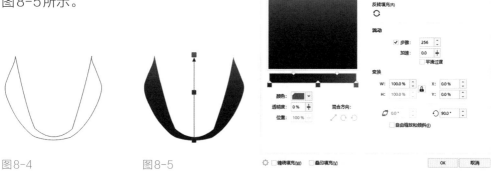

图8-4　　　　　图8-5

　　使用工具箱中的"钢笔"工具 绘制出底座的两个形状，取消轮廓线。使用"交互式填充工具" ，单击属性栏中的"纯色填充"按钮 ，或使用界面右侧调色板选择颜色进行两个形状的颜色填充，如图 8-6 所示。

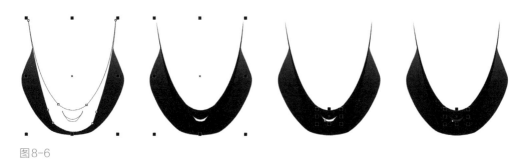

图8-6

　　使用"混合工具" （长按鼠标左键，打开"阴影工具" 隐藏下的混合工具），将两个形状的颜色进行混合，完成颜色混合效果，如图 8-7 所示。

图8-7

8.2.2 底座部件材质及细节表现

底座部件如图8-8所示。

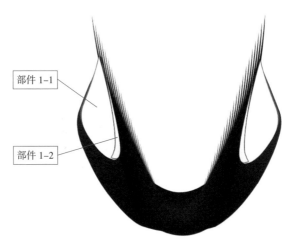

图8-8

使用工具箱中的"钢笔"工具 绘制出底座部件1-1的轮廓，如图8-9所示，取消其轮廓线。使用"PostScript填充工具" （选择"交互式填充工具" ，单击属性栏中的"PostScript填充工具" ），打开PostScript填充工具的"编辑填充"对话框，选择填充底纹类型，调整具体参数，完成表面带纹理的塑料效果如图8-9所示。底纹类型和具体参数如图8-10所示。

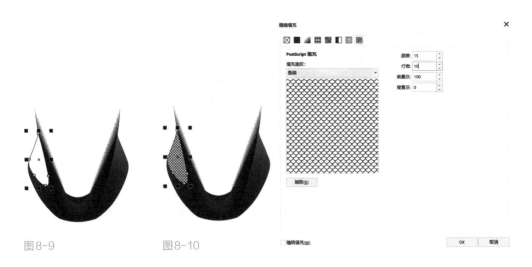

图8-9   图8-10

使用"透明度工具"▧，单击属性栏中的"渐变透明度"▧，拉出渐变透明的方向，完成透明度的调整，如图8-11所示。

使用工具箱中的"钢笔"工具▨绘制出部件1-2的轮廓，如图8-12所示，取消其轮廓线。使用"交互式填充工具"▧，单击属性栏中的"渐变填充"按钮▨（快捷键F11），打开渐变填充的"编辑填充"对话框，调整颜色填充和具体参数，完成渐变填充。效果及颜色填充参数如图8-13所示。

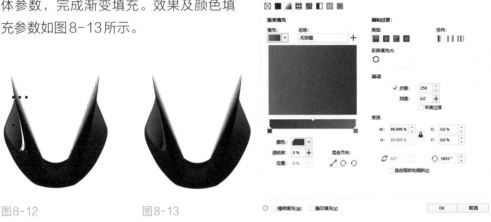

图8-11

图8-12　　　　　图8-13

使用"透明度工具"▧，单击属性栏中的"渐变透明度"▧，拉出渐变透明的方向，完成透明度的调整，如图8-14所示。

图8-14

使用工具箱中的"钢笔"工具 绘制出高光部分的轮廓，如图8-15所示，取消其轮廓线。使用"交互式填充工具" ，单击属性栏中的"渐变填充"按钮 （快捷键F11），打开渐变填充的"编辑填充"对话框，调整颜色填充和具体参数，完成渐变填充。效果及颜色填充参数如图8-16所示。

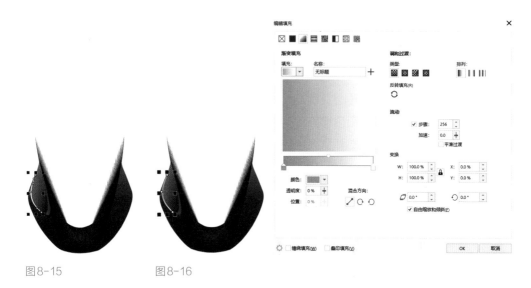

图8-15　　　　　图8-16

单击菜单栏中的"位图"命令按钮，选择下面的子命令"转换为位图"按钮，打开"转换为位图"对话框，调整具体参数，将高光部分矢量图形转换为位图。具体参数如图8-17所示。

图8-17

接着单击菜单栏中的"效果"命令按钮，选择下面的子命令"模糊"按钮，再选择"高斯式模糊"按钮，打开"高斯式模糊"对话框，调整具体参数。将高光部分做模糊处理。具体参数如图8-18所示。效果如图8-19所示。

图8-18

图8-19

8.3　鼠标主体材质和细节表现

鼠标主体效果如图8-20所示。

图8-20

8.3.1 鼠标主体颜色及材质表现

使用工具箱中的"钢笔"工具✒绘
制出鼠标主体的轮廓，取消其轮廓线。
使用"交互式填充工具"◈，单击属性
栏中的"纯色填充"按钮■，或使用界
面右侧调色板选择颜色进行填充，如
图8-21所示。

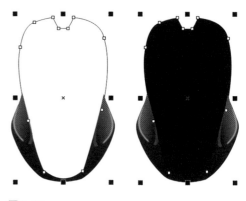

图8-21

选择黑色填充的主体，复制并粘贴为一个相同的形状，选中其结构点，按住
Shift键的同时，按住鼠标左键，进行等比缩放，如图8-22所示。使用"交互式填充
工具"◈，单击属性栏中的"渐变填充"按钮▨（快捷键F11),打开渐变填充的"编
辑填充"对话框，调整颜色填充和具体参数，完成渐变填充。效果及颜色填充参数如
图8-23所示。

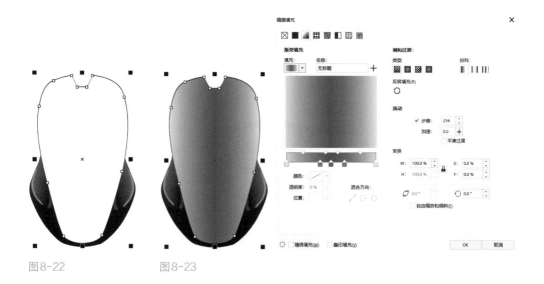

图8-22 　　　　图8-23

使用"混合工具"⬡（长按鼠标左键，打开"阴影工具"◻隐藏下的混合工
具），将两个主体形状的颜色进行混合，完成颜色混合效果，如图8-24所示。

图8-24

8.3.2　主体部件材质及细节表现

主体部件如图8-25所示。

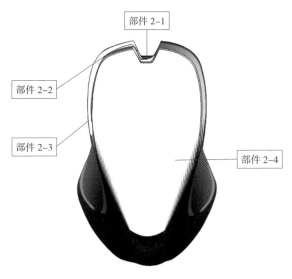

部件 2-1

部件 2-2

部件 2-3

部件 2-4

图8-25

（1）主体部件2-1

使用工具箱中的"钢笔"工具 绘制出部件2-1的阴影高光轮廓，如图8-26所示，取消其轮廓线。使用"交互式填充工具" ，单击属性栏中的"渐变填充"按钮 （快捷键F11），打开渐变填充的"编辑填充"对话框，调整颜色填充和具体参数，完成渐变填充。效果及颜色填充参数如图8-27所示。

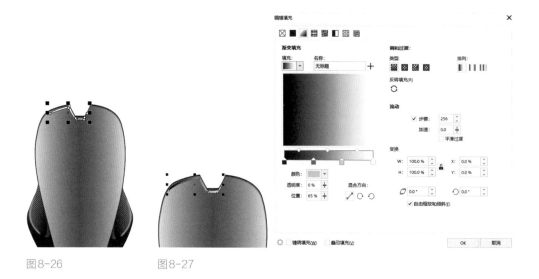

图8-26   图8-27

单击菜单栏中的"位图"命令按钮，选择下面的子命令"转换为位图"按钮，将高光部分矢量图形转换为位图。单击菜单栏中的"效果"命令按钮，选择下面的子命令"模糊"按钮，选择"高斯式模糊"按钮，将高光做模糊处理，如图8-28所示。

图8-28

（2）主体部件2-2

使用工具箱中的"钢笔"工具 绘制出部件2-2的高光轮廓，取消其轮廓线，并填充白色。单击菜单栏中的"位图"命令按钮，选择下面的子命令"转换为位图"按钮，将高光部分矢量图形转换为位图。单击菜单栏中的"效果"命令按钮，选择下面的子命令"模糊"按钮，选择"高斯式模糊"按钮，将高光做模糊处理，如图8-29所示。

图8-29

（3）主体部件2–3

　　使用工具箱中的"钢笔"工具 绘制出部件2–3的阴影轮廓，如图8–30所示，取消其轮廓线。使用"交互式填充工具" ，单击属性栏中的"渐变填充"按钮 （快捷键F11），打开渐变填充的"编辑填充"对话框，调整颜色填充和具体参数，完成渐变填充。效果及颜色填充参数如图8–31所示。

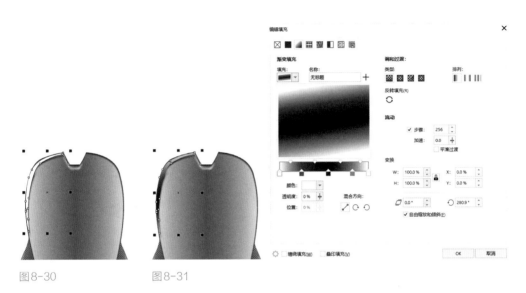

图8–30　　　　　　　图8–31

　　单击菜单栏中的"位图"命令按钮，选择下面的子命令"转换为位图"按钮，将高光部分矢量图形转换为位图。单击菜单栏中的"效果"命令按钮，选择下面的子命令"模糊"按钮，再选择"高斯式模糊"按钮，将高光做模糊处理，如图8–32所示。

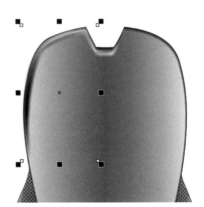

图8–32

（4）主体部件2-4

选中主体，复制并粘贴为两个相同的形状，选中其结构点，按住Shift键的同时，按住鼠标左键，进行等比缩放。使用"交互式填充工具" ◈，单击属性栏中的"纯色填充"按钮 ■，或使用界面右侧调色板选择颜色对两个形状进行填充，如图8-33所示。

使用"混合工具" ◌（长按鼠标左键，打开"阴影工具" ◻ 隐藏下的混合工具），将两个形状的颜色进行混合，完成主体部件2-4的颜色混合效果，如图8-34所示。

图8-33   图8-34

选中主体，复制并粘贴为一个相同的形状，选中结构点，按住Shift键的同时，按住鼠标左键，进行等比缩放，如图8-35所示。使用"交互式填充工具" ◈，单击属性栏中的"渐变填充"按钮 ◢（快捷键F11），打开渐变填充的"编辑填充"对话框，调整颜色填充和具体参数，完成渐变填充，效果及颜色填充参数如图8-36所示。单击鼠标右键，选择到"页面前面"命令调整顺序，如图8-37所示。

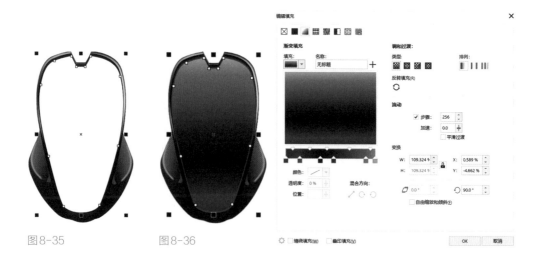

图8-35   图8-36

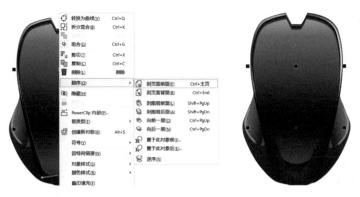

图8-37

　　使用工具箱中的"钢笔"工具绘制左侧和右侧大面积高光部分轮廓，取消其轮廓线。使用"交互式填充工具"，单击属性栏中的"渐变填充"按钮（快捷键F11），打开渐变填充的"编辑填充"对话框，调整颜色填充和具体参数，完成渐变填充，如图8-38所示。单击菜单栏中的"位图"命令按钮，选择下面的子命令"转换为位图"按钮，将高光部分矢量图形转换为位图。单击菜单栏中的"效果"命令按钮，选择下面的子命令"模糊"按钮，再选择"高斯式模糊"按钮，将高光做模糊处理，如图8-39所示。

图8-38　　　　　　　　　　　　图8-39

8.4　鼠标按键材质和细节表现

　　鼠标按键效果如图8-40所示。
　　按键部件如图8-41所示。

图8-40 　　　　　　　　　　　　　图8-41

8.4.1 　鼠标左右按键的材质和细节表现

　　使用工具箱中的"钢笔"工具 🖋 绘制左边按键区域，取消其轮廓线。使用"交互式填充工具" 🖳 ，单击属性栏中的"纯色填充"按钮 ■ ，或使用界面右侧调色板选择颜色进行填充，如图8-42所示。

　　选择黑色填充的左边按键区域，复制并粘贴为一个相同的形状，选中结构点，按住Shift键的同时，按住鼠标左键，进行等比缩放。使用"交互式填充工具" 🖳 ，单击属性栏中的"纯色填充"按钮 ■ ，或使用界面右侧调色板选择颜色进行填充，如图8-43所示。

　　使用"混合工具" 🖇（长按鼠标左键，打开"阴影工具" 🖵 隐藏下的混合工具），将两个形状的颜色进行混合，完成颜色混合效果，如图8-44所示。

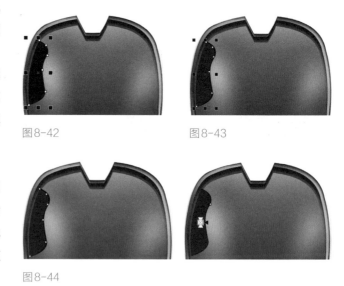

图8-42 　　　　　　　　　　　　图8-43

图8-44

（1）按键部件3-1和3-2

　　使用工具箱中的"钢笔"工具✒绘制前进键3-1的轮廓，取消其轮廓线。使用"交互式填充工具"⬧，单击属性栏中的"纯色填充"按钮■，或使用界面右侧调色板选择颜色进行填充。选中黑色填充的前进键3-1，复制并粘贴为返回键3-2，选中返回键3-2形状结构点，按住Shift键的同时，按住鼠标左键，进行等比缩放，如图8-45所示。使用"交互式填充工具"⬧，单击属性栏中的"渐变填充"按钮▤（快捷键F11），打开渐变填充的"编辑填充"对话框，调整颜色填充和具体参数，完成渐变填充。效果及颜色填充参数如图8-46所示。

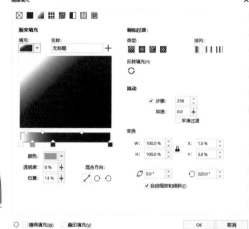

图8-45　　　　　图8-46

（2）按键部件3-3和3-4

　　使用工具箱中的"钢笔"工具✒绘制返回键3-3的轮廓，取消其轮廓线。使用"交互式填充工具"⬧，单击属性栏中的"纯色填充"按钮■，或使用界面右侧调色板选择颜色进行填充。选择黑色填充的返回键3-3，复制并粘贴为一个相同的形状，即按键部件3-4，选中结构点，按住Shift键的同时，按住鼠标左键，进行等比缩放，如图8-47所示。使用"交互式填充工具"⬧，单击属性栏中的"渐变填充"按钮▤（快捷键F11），打开渐变填充的"编辑填充"对话框，调整颜色填充和具体参数，完成渐变填充。效果及颜色填充参数如图8-48所示。

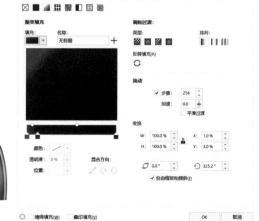

图8-47　　　　　图8-48

使用工具箱中的"钢笔"工具
⬚绘制前进键高光部分，取消其轮
廓线。单击菜单栏中的"位图"命
令按钮，选择下面的子命令"转换
为位图"按钮，将高光部分矢量
图形转换为位图。单击菜单栏中
的"效果"命令按钮，选择下面的
子命令"模糊"按钮，再选择"高
斯式模糊"按钮，将高光做模糊处
理，如图8-49和图8-50所示。

图8-49

图8-50

将左边按键各部分选中，单
击鼠标右键，选择群组（快捷键
Ctrl+G），复制并粘贴，单击属性
栏的"水平镜像"按钮🔁，移动到
右边，完成Alt键和Ctrl键的效果，
如图8-51所示。

图8-51

8.4.2　鼠标滚轮中键的材质和细节表现

使用工具箱中的"矩形工具"□绘制左右按键分界线轮廓，单击属性栏上的"圆
角"⬚⬚⬚ ⬚ 按钮，调整为圆角矩形，如图8-52所示，取消其轮廓线。使用
"交互式填充工具"◩，单击属性栏中的"渐变填充"按钮◪（快捷键F11），打开渐
变填充的"编辑填充"对话框，调整颜
色填充和具体参数，完成渐变填充。效
果及颜色填充参数如图8-53所示。

图8-52　　　　　图8-53

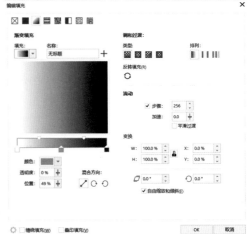

使用"阴影工具"□ 拉出分界线的阴影，完成左右按键分界线的效果，如图8-54所示。

图8-54

（1）按键部件3-5

使用工具箱中的"椭圆形工具"○ 绘制滚轮中键3-5的轮廓，取消其轮廓线。使用"交互式填充工具"◈，单击属性栏中的"纯色填充"按钮■，或使用界面右侧调色板选择颜色进行填充。选择滚轮中键3-5，复制并粘贴为一个相同的形状，选中结构点，按住Shift键的同时，按住鼠标左键，进行等比缩放。使用"交互式填充工具"◈，单击属性栏中的"纯色填充"按钮■，或使用界面右侧调色板选择颜色进行填充，如图8-55所示。

使用"混合工具"◈（长按鼠标左键，打开"阴影工具"□ 隐藏下的混合工具），将两个形状的颜色进行混合，完成颜色混合效果，如图8-56所示。

图8-55

图8-56

（2）按键部件3-6

选中滚轮中键3-5，复制并粘贴为按键部件3-6，选中结构点，按住Shift键的同时，按住鼠标左键，进行等比缩放，如图8-57所示，取消其轮廓线。使用"交互式填充工具"◈，单击属性栏中的"渐变填充"按钮■（快捷键F11），打开渐变填充的"编辑填充"对话框，调整颜色填充和具体参数，完成渐变填充。效果及颜色填充参数如图8-58所示。

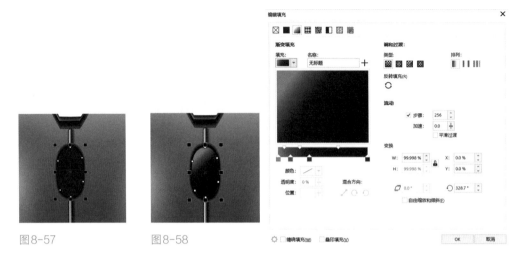

图8-57　　　　图8-58

使用工具箱中的"钢笔"工具🖊绘制高光部分轮廓，取消其轮廓线。单击菜单栏中的"位图"命令按钮，选择下面的子命令"转换为位图"按钮，将高光部分矢量图形转换为位图。单击菜单栏中的"效果"命令按钮，选择下面的子命令"模糊"按钮，再选择"高斯式模糊"按钮，将高光做模糊处理，如图8-59所示。

图8-59

8.4.3　鼠标DPI循环键和切换配置文件键的材质及细节表现

（1）按键部件3-7

使用工具箱中的"钢笔"工具🖊绘制中间按键3-7的轮廓，取消其轮廓线。使用"交互式填充工具"🖌，单击属性栏中的"纯色填充"按钮■，或使用界面右侧调色板选择颜色进行颜色填充。选中中间按键3-7，复制并粘贴为一个相同的形状，选中结构点，按住Shift键的同时，按住鼠标左键，进行等比缩放，用"交互式填充工具"🖌，单击属性栏中的"纯色填充"按钮■，或使用界面右侧调色板选择颜色进行填充，如图8-60所示。

使用"混合工具" 🐧（长按鼠标左键，打开"阴影工具" 🖳隐藏下的混合工具），将两个形状的颜色进行混合，完成颜色混合效果，如图8-61所示

图8-60　　　　　　　　　　　　　　　　　　　　　　图8-61

（2）按键部件3-8

选中中间按键3-7，复制并粘贴为一个相同的形状，即按键部件3-8，选中结构点，按住Shift键的同时，按住鼠标左键，进行等比缩放。使用"交互式填充工具" 🖌，单击属性栏中的"渐变填充"按钮 🔲（快捷键F11），打开渐变填充的"编辑填充"对话框，调整颜色填充和具体参数，完成渐变填充。效果及颜色填充参数如图8-62所示。

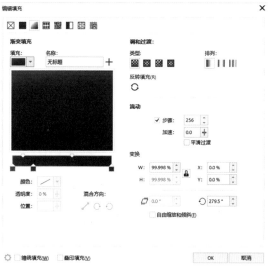

图8-62

使用工具箱中的"钢笔"工具 🖊绘制DPI循环键的轮廓和细节，大致可以分为5个部件，如图8-63所示。

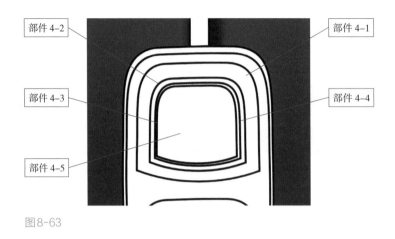

图8-63

（3）按键部件4-1

　　使用工具箱中的"钢笔"工具绘制DPI循环键4-1，如图8-64所示。取消其轮廓线，使用"交互式填充工具"，单击属性栏中的"渐变填充"按钮（快捷键F11），打开渐变填充的"编辑填充"对话框，调整颜色填充和具体参数，完成渐变填充。效果及颜色填充参数如图8-65所示。

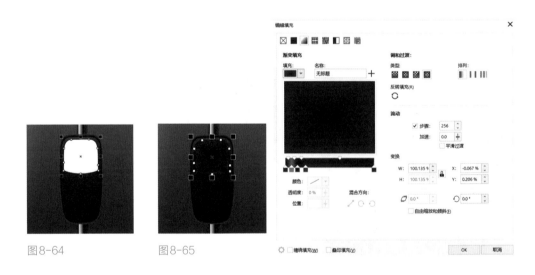

图8-64　　　　　　　图8-65

（4）按键部件4-2

　　选择DPI循环键4-1，复制并粘贴为一个相同的形状即按键部件4-2，选中结构点，按住Shift键的同时，按住鼠标左键，进行等比缩放，使用"交互式填充工具"，单击属性栏中的"纯色填充"按钮，或使用界面右侧调色板选择颜色进行填充，如图8-66所示。

选择按键部件4-2，复制并粘贴为一个相同的形状，选中结构点，按住Shift键的同时，按住鼠标左键，进行等比缩放。使用"交互式填充工具" ⬦，单击属性栏中的"纯色填充"按钮 ■，或使用界面右侧调色板选择颜色进行填充，如图8-67所示。

使用"混合工具" ⬥（长按鼠标左键，打开"阴影工具" ⬜ 隐藏下的混合工具），将两个形状的颜色进行混合，完成颜色混合效果，如图8-68所示。

图8-66

图8-67

图8-68

（5）按键部件4-3

选择按键部件4-2，复制并粘贴为一个相同的形状，选中结构点，按住Shift键的同时，按住鼠标左键，进行等比缩放，如图8-69所示。使用菜单栏中的"对象"命令，选择下面的造型命令，再选择形状，打开形状窗口，在选项框里选择修剪，如图8-70所示。用前面的轮廓修剪后面的形状，得到按键部件4-3，如图8-71所示。

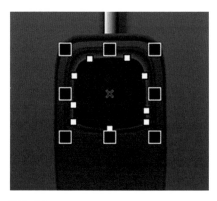
图8-69

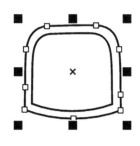

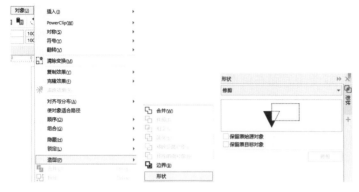

图8-70

图8-71

使用"交互式填充工具" ，单击属性栏中的"渐变填充"按钮 （快捷键F11），打开渐变填充的"编辑填充"对话框，调整颜色填充和具体参数，完成渐变填充。效果及颜色填充参数如图8-72所示。

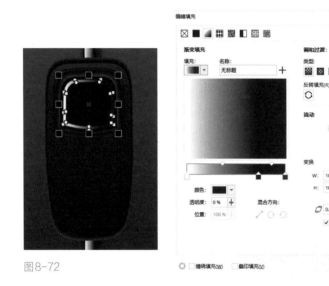

图8-72

（6）按键部件4-4

选择DPI循环键4-2，复制并粘贴为一个相同的形状，即按键部件4-4，选中结构点，按住Shift键的同时，按住鼠标左键，进行等比缩放。使用"交互式填充工具" ，单击属性栏中的"渐变填充"按钮 （快捷键F11），打开渐变填充的"编辑填充"对话框，调整颜色填充和具体参数，完成渐变填充。效果及颜色填充和参数如图8-73所示。

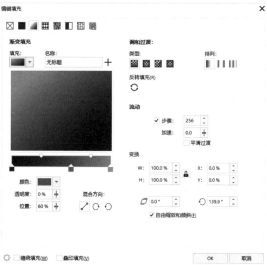

图8-73

（7）按键部件4-5

　　选择DPI循环键4-4，复制并粘贴为一个相同的形状，即按键部件4-5，选中结构点，按住Shift键的同时，按住鼠标左键，进行等比缩放，如图8-74所示。使用"交互式填充工具"，单击属性栏中的"渐变填充"按钮（快捷键F11），打开渐变填充的"编辑填充"对话框，调整颜色填充和具体参数，完成渐变填充。效果及颜色填充参数如图8-75所示。

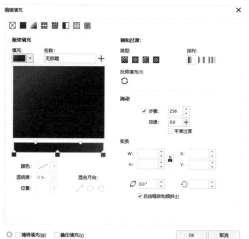

图8-74　　　　　图8-75

将DPI循环键各部分选中，单击鼠
标右键，选择群组，复制并粘贴，移动
到下边，完成切换配置文件键的效果，
如图8-76所示。

图8-76

8.5　鼠标插线部分材质和细节表现

使用工具箱中的"钢笔"
工具 🖋 绘制鼠标插线部分的轮
廓，大致可以分为6个部件，
如图8-77所示。

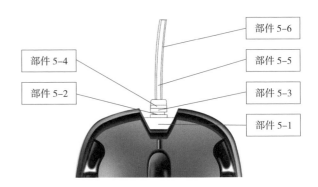

图8-77

（1）插线部件5-1

使用工具箱中的"钢笔"工具 🖋 绘制插线部件5-1的两个形状，使用"交互式
填充工具" 🖎，单击属性栏中的"纯色填充"按钮 ■，或使用界面右侧调色板选择颜
色进行填充，如图8-78所示。

使用"混合工具" 🖎（长按鼠标左键，打开"阴影工具" 🖵 隐藏下的混合工
具），将两个形状的颜色进行混合，完成颜色混合效果，如图8-79所示。

图8-78

图8-79

（2）插线部件5-2

　　使用工具箱中的"钢笔"工具 🖊 绘制插线部件5-2，使用"交互式填充工具" 🖍，单击属性栏中的"渐变填充"按钮 ▣（快捷键F11），打开渐变填充的 "编辑填充"对话框，调整颜色填充和具体参数，完成渐变填充。效果及颜色填充参数如图8-80和图8-81所示。

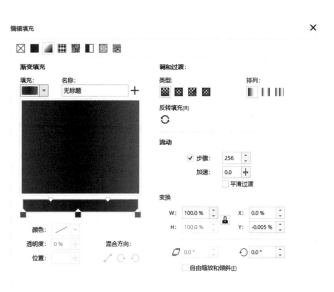

图8-80

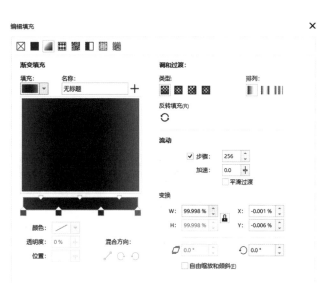

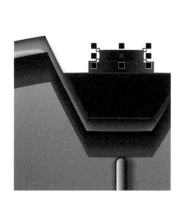

图8-81

（3）插线部件5-3

使用工具箱中的"钢笔"工具 绘制插线部件5-3，使用"交互式填充工具" ，单击属性栏中的"渐变填充"按钮 （快捷键F11），打开渐变填充的"编辑填充"对话框，调整颜色填充和具体参数，完成渐变填充。效果及颜色填充参数如图8-82所示。

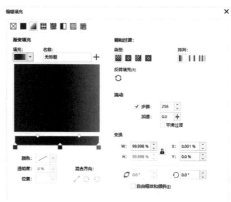

图8-82

（4）插线部件5-4

使用工具箱中的"钢笔"工具 绘制插线部件5-4，使用"交互式填充工具" ，单击属性栏中的"渐变填充"按钮 （快捷键F11），打开渐变填充的"编辑填充"对话框，调整颜色填充和具体参数，完成渐变填充。效果及颜色填充参数如图8-83所示。

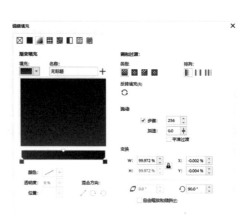

图8-83

（5）插线部件5-5

　　使用工具箱中的"钢笔"工具✍绘制插线部件5-5，使用"交互式填充工具"✍，单击属性栏中的"渐变填充"按钮▰（快捷键F11），打开渐变填充的"编辑填充"对话框，调整颜色填充和具体参数，完成渐变填充。效果及颜色填充参数如图8-84所示。

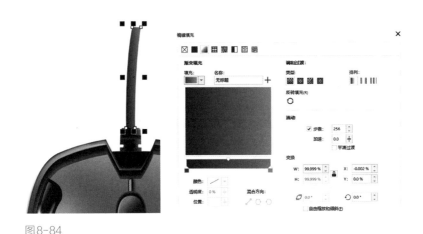

图8-84

（6）插线部件5-6

　　使用工具箱中的"钢笔"工具✍绘制插线部件5-6，使用"交互式填充工具"✍，单击属性栏中的"渐变填充"按钮▰（快捷键F11），打开渐变填充的"编辑填充"对话框，调整颜色填充和具体参数，完成渐变填充。效果及颜色填充参数如图8-85所示。

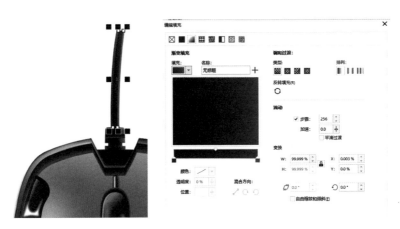

图8-85

使用工具箱中的"矩形"工具□绘制一个矩形，使用"交互式填充工具"◈，单击属性栏中的"纯色填充"按钮■，或使用界面右侧调色板选择颜色进行填充。使用"透明度工具"▨，单击属性栏中的"渐变透明度"▣，拉出渐变透明的方向，完成透明度的调整，如图8-86所示。

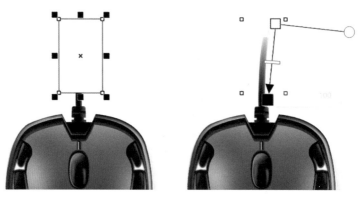

图8-86

鼠标正面最终效果如图8-87所示。

图8-87

8.6　绘制鼠标侧面的基本轮廓图

　　鼠标侧面大致可以分为6个部分，分别为主体、底部、外壳、侧边壳、按键及插线部分。在CorelDRAW软件中，使用工具箱中的"钢笔"工具 🖊 绘制出鼠标侧面的轮廓，并用"形状"工具 ⬚ 选中图形节点，调整图形中的线条。轮廓图绘制如图8-88所示。

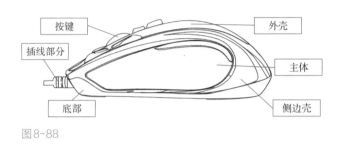

图8-88

8.7　鼠标侧面主体材质和细节表现

　　鼠标侧面主体效果如图8-89所示。

图8-89

8.7.1　鼠标侧面主体颜色及材质表现

　　使用工具箱中的"钢笔"工具 🖊 绘制出鼠标主体的轮廓，如图8-90所示，取消其轮廓线。使用"交互式填充工具" ◈，单击属性栏中的"渐变填充"按钮 ◨（快捷键F11），打开渐变填充的"编辑填充"对话框，调整颜色填充和具体参数，完成渐变填充。效果及颜色填充参数如图8-91所示。

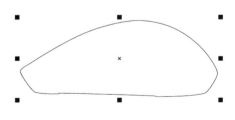

图8-90

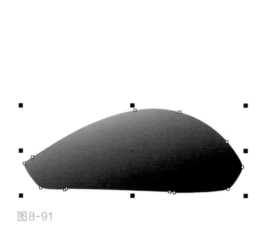

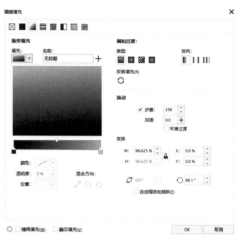

图8-91

用工具箱中的"钢笔"工具 ⬙ 绘制鼠标外壳顶端的两个形状，使用"交互式填充工具" ⬙ ，单击属性栏中的"渐变填充"按钮 ⬛（快捷键F11），打开渐变填充的"编辑填充"对话框，调整颜色填充和具体参数，完成渐变填充。效果及颜色填充参数如图8-92所示。

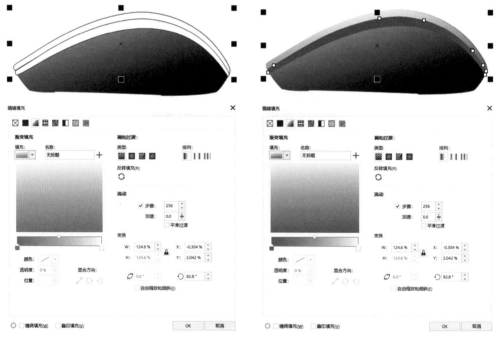

图8-92

　　使用"混合工具" 🖌（长按鼠标左键，打开"阴影工具" 🗖隐藏下的混合工具），将顶部两个形状的颜色进行混合，完成颜色混合效果。单击鼠标右键，调整顺序，如图8-93所示。

　　选择侧面主体，复制并粘贴为一个相同的形状，选中结构点进行调整，如图8-94所示。使用"交互式填充工具" 🖍，单击属性栏中的"渐变填充"按钮 ▇（快捷键F11），打开渐变填充的"编辑填充"对话框，调整颜色填充和具体参数，完成渐变填充。效果及颜色填充参数如图8-95所示。

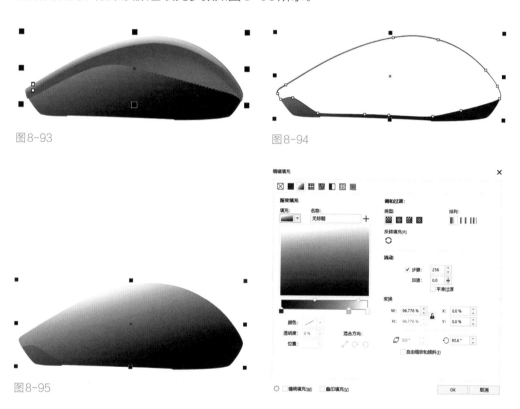

图8-93

图8-94

图8-95

8.7.2　侧面主体部件材质及细节表现

　　主体部件如图8-96所示。

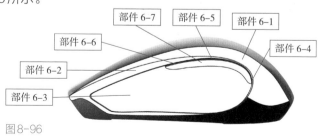

图8-96

（1）主体部件6-1

绘制主体部件6-1，取消其轮廓线。使用"交互式填充工具" ，单击属性栏中的"纯色填充"按钮 ■，或使用界面右侧调色板选择颜色进行填充，如图8-97所示。

图8-97

（2）主体部件6-2

绘制主体部件6-2，如图8-98所示，取消其轮廓线。使用"交互式填充工具"，单击属性栏中的"渐变填充"按钮 ■（快捷键F11），打开渐变填充的"编辑填充"对话框，调整颜色填充和具体参数，完成渐变填充。效果及颜色填充参数如图8-99所示。

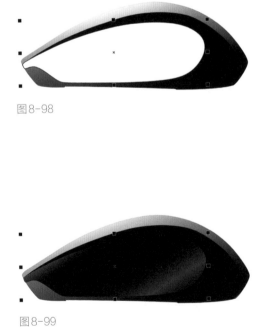

图8-98

图8-99

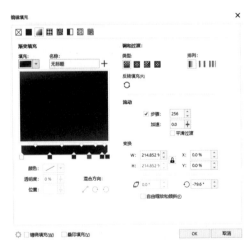

（3）主体部件6-3

绘制主体部件6-3，如图8-100所示，取消其轮廓线。使用"PostScript填充工具"▧（选择"交互式填充工具"◇，单击属性栏中的"PostScript填充工具"▧），打开PostScript填充工具的"编辑填充"对话框，选择填充底纹类型为鱼鳞，调整具体参数，完成纹样填充，效果及纹样填充参数如图8-101所示。

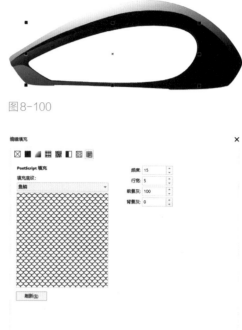

图8-100

图8-101

使用"透明度工具"▧，单击属性栏中的"渐变透明度"◧，拉出渐变透明的方向，完成透明度的调整，如图8-102所示。

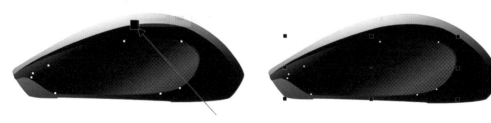

图8-102

（4）主体部件6-4

选择主体部件6-3，复制并粘贴为两个相同的形状，移动到绘图区域空白处，选中结构点，按住Shift键的同时，按住鼠标左键，进行等比缩放，调整两个形状的位置，如图8-103所示。使用菜单栏中的"对象"命令，选择"造型"命令，再选择"形状"，打开形状窗口，在选项框里选择修剪，如图8-104所示。用前面的轮廓修剪后面的形状，删掉修剪的部分，得到修剪后的主体部件6-4的形状，如图8-105所示。

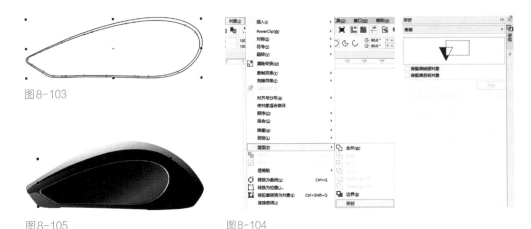

图8-103

图8-105   图8-104

选中主体部件6-4，使用"交互式填充工具" ⬦，单击属性栏中的"渐变填充"按钮 ⬛（快捷键F11），打开渐变填充的"编辑填充"对话框，调整颜色填充和具体参数，完成渐变填充。效果及颜色填充参数如图8-106所示。

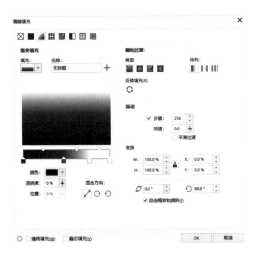

图8-106

（5）主体部件6-5

使用工具箱中的"钢笔"工具 ✐ 绘制主体部件6-5，取消其轮廓线。使用"交互式填充工具" ⬦，单击属性栏中的"纯色填充"按钮 ⬛，或使用界面右侧调色板选择颜色进行填充，如图8-107所示。

图8-107

（6）主体部件6-6

选中主体部件6-5，复制并粘贴为一个相同的形状，即主体部件6-6，选中结构点，按住Shift键的同时，按住鼠标左键，进行等比缩放。使用"交互式填充工具"，单击属性栏中的"纯色填充"按钮■，或使用界面右侧调色板选择颜色进行填充，如图8-108所示。

图8-108

（7）主体部件6-7

选中主体部件6-6，复制并粘贴为一个相同的形状，即主体部件6-7，选中结构点，按住Shift键的同时，按住鼠标左键，进行等比缩放。使用"PostScript填充工具"（选择"交互式填充工具"，单击属性栏中的"PostScript填充工具"），打开PostScript填充工具的"编辑填充"对话框，选择填充底纹类型为鱼鳞，调整具体参数，完成纹样填充，效果及纹样填充参数如图8-109所示。

图8-109

使用"透明度工具"，单击属性栏中的"渐变透明度"，拉出渐变透明的方向，完成透明度的调整，如图8-110所示。

图8-110

使用工具箱中的"钢笔"工具，绘制阴影部分，使用"交互式填充工具"，单击属性栏中的"渐变填充"按钮（快捷键F11），打开渐变填充的"编辑填充"对话框，调整颜色填充和具体参数，完成渐变填充。使用"透明度工具"，单击属性栏中的"渐变透明度"，拉出渐变透明的方向，完成透明度的调整，如图8-111所示。

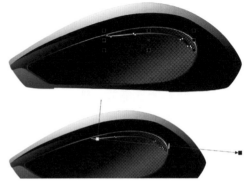

图8-111

选中阴影部分，如图8-112所示。单击菜单栏中的"位图"命令按钮，选择下面的子命令"转换为位图"按钮，将高光部分矢量图形转换为位图，如图8-113所示。单击菜单栏中的"效果"命令按钮，选择下面的子命令"模糊"按钮，再选择"高斯式模糊"按钮。将高光做模糊处理，如图8-114所示。效果如图8-115所示。

图8-112

图8-113

图8-114

图8-115

8.8　鼠标侧面底部材质和细节表现

鼠标侧面底部效果如图8-116所示。

图8-116

使用工具箱中的"钢笔"工具　绘制鼠标底部轮廓，如图8-117所示，取消其轮廓线。使用"交互式填充工具"　，单击属性栏中的"渐变填充"按钮　（快捷键F11），打开渐变填充的"编辑填充"对话框，调整颜色填充和具体参数，完成渐变填充。效果及颜色填充参数如图8-118所示。

图8-117

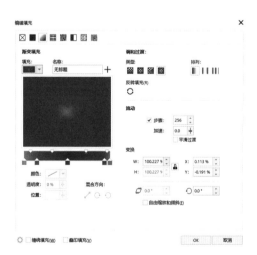

图8-118

8.9　鼠标侧面外壳材质和细节表现

鼠标侧面外壳效果如图8-119所示。

图8-119

使用工具箱中的"钢笔"工具 ⌀ 绘制鼠标外壳的轮廓，如图8-120所示，取消其轮廓线。使用"交互式填充工具" ⌀，单击属性栏中的"渐变填充"按钮 ▣（快捷键F11），打开渐变填充的"编辑填充"对话框，调整颜色填充和具体参数，完成渐变填充。效果及颜色填充参数如图8-121所示。

图8-120

图8-121

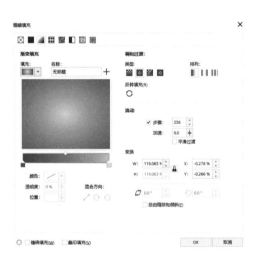

使用工具箱中的"钢笔"工具 绘制高光部分，如图8-122所示，取消其轮廓线。单击菜单栏中的"位图"命令按钮，选择下面的子命令"转换为位图"按钮，将高光部分矢量图形转换为位图。单击菜单栏中的"效果"命令按钮，选择下面的子命令"模糊"按钮，再选择"高斯式模糊"按钮，如图8-122所示。将高光做模糊处理，如图8-123所示。效果如图8-124所示。

图8-122

图8-123

图8-124

8.10　鼠标侧面按键材质和细节表现

鼠标侧面按键效果如图8-125所示。

图8-125

使用工具箱中的"钢笔"工具 绘制按键轮廓，如图8-126所示，取消其轮廓线。使用"交互式填充工具" ，单击属性栏中的"渐变填充"按钮 （快捷键F11），打开渐变填充的"编辑填充"对话框，调整颜色填充和具体参数，完成渐变填充。效果和颜色填充参数如图8-127所示。

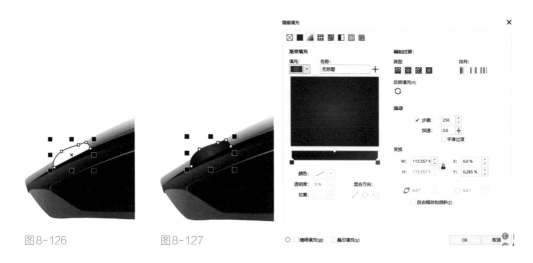

图8-126　　　　　　　图8-127

选中按键形状，复制并粘贴为一个相同的形状，选中结构点，按住Shift键的同时，按住鼠标左键，进行等比缩放。使用"交互式填充工具" ，单击属性栏中的"纯色填充"按钮 ，或使用界面右侧调色板选择颜色进行填充，调整位置，如图8-128所示。

使用"混合工具" （长按鼠标左键，打开"阴影工具" 隐藏下的混合工具），将两个形状的颜色进行混合，完成颜色混合效果，如图8-129所示。

图8-128　　　　　　　　　　　　　　　　　　　图8-129

选中按键形状，复制并粘贴为一个相同的形状，选中结构点，按住Shift键的同时，按住鼠标左键，进行等比缩放。使用"交互式填充工具" ，单击属性栏中的"渐变填充"按钮 （快捷键F11），打开渐变填充的"编辑填充"对话框，调整颜色填充和具体参数，完成渐变填充。效果及颜色填充参数如图8-130所示。

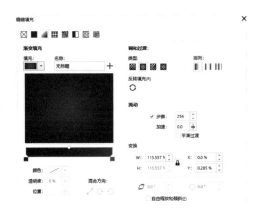

图8-130

　　使用工具箱中的"钢笔"工具 绘制按键阴影和高光部分，取消其轮廓线。单击菜单栏中的"位图"命令按钮，选择下面的子命令"转换为位图"按钮，将阴影和高光部分矢量图形转换为位图。单击菜单栏中的"效果"命令按钮，选择下面的子命令"模糊"按钮，再选择"高斯式模糊"按钮，将阴影和高光做模糊处理，如图8-131和图8-132所示。

图8-131

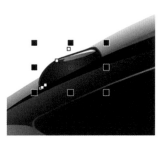

图8-132

　　参照制作按键效果的方法，完成其他按钮效果图，如图8-133所示。

　　使用工具箱中的"椭圆形工具" 绘制鼠标整体阴影部分，取消其轮廓线。使用"交互式填充工具" ，单击属性栏中的"纯色填充"按钮 ■，或使用界面右侧调色板选择颜色进行填充，如图8-134所示。

图8-133　　　　　　　　　　　　　　　　　　图8-134

单击菜单栏中的"位图"命令按钮，选择下面的子命令"转换为位图"按钮，将阴影部分矢量图形转换为位图。单击菜单栏中的"效果"命令按钮，选择下面的子命令"模糊"按钮，再选择"高斯式模糊"按钮，将阴影做模糊处理，如图8-135和图8-136所示。

图8-135　　　　　　　　　　　　　　　　　　图8-136

8.11　鼠标插线部分材质和细节表现

鼠标插线部分效果如图8-137所示。

图8-137

插线部件如图8-138所示。

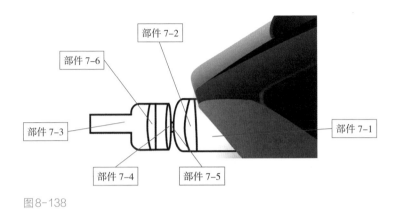

图8-138

（1）插线部件7-1

使用工具箱中的"矩形"工具□，单击属性栏中的"圆角"按钮 设置好圆角角度数值，绘制插线部件7-1的轮廓，如图8-139所示，取消其轮廓线。使用"交互式填充工具" ，单击属性栏中的"渐变填充"按钮■（快捷键F11），打开渐变填充的"编辑填充"对话框，调整颜色填充和具体参数，完成渐变填充。效果及颜色填充参数如图8-140所示。

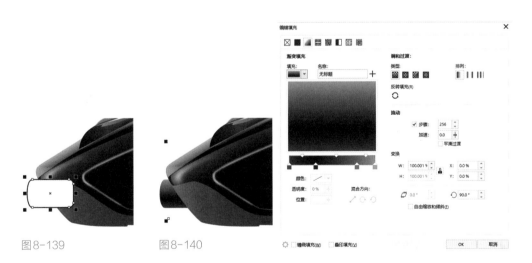

图8-139　　图8-140

（2）插线部件7-2

使用工具箱中的"钢笔"工具 绘制插线部件7-2的轮廓，取消其轮廓线。使用"交互式填充工具"，单击属性栏中的"渐变填充"按钮（快捷键F11），打开渐变填充的"编辑填充"对话框，调整颜色填充和具体参数，完成渐变填充。效果及颜色填充参数如图8-141所示。

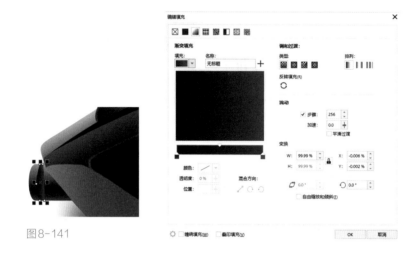

图8-141

（3）插线部件7-3

使用"矩形"工具□和"椭圆形"工具○绘制三个形状，使用对象命令下面的造型命令，选择形状，打开形状窗口，在选项框里选择焊接，得到焊接后的插线部件7-3形状，如图8-142~图8-144所示。

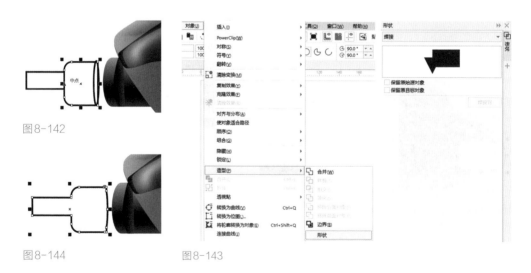

图8-142

图8-144

图8-143

使用"形状"工具选中图形节点，调整图形中轮廓线条。使用"交互式填充工具"⬙，单击属性栏中的"渐变填充"按钮▰（快捷键F11），打开渐变填充的"编辑填充"对话框，调整颜色填充和具体参数，完成渐变填充。效果及颜色填充参数如图8-145所示。

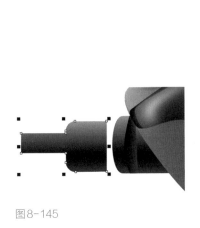

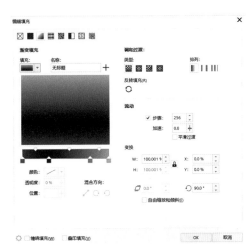

图8-145

（4）插线部件7-4

　　使用"椭圆形工具"○绘制插线部件7-4的轮廓，取消其轮廓线。使用"交互式填充工具"⬙，单击属性栏中的"渐变填充"按钮▰（快捷键F11），打开渐变填充的"编辑填充"对话框，调整颜色填充和具体参数，完成渐变填充。效果及颜色填充参数如图8-146所示。

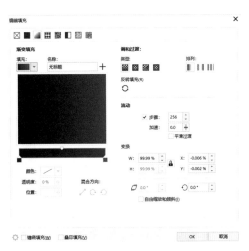

图8-146

（5）插线部件7-5

使用"矩形"工具□，单击属性栏中的"圆角"按钮◯设置好圆角角度数值，绘制插线部件7-5的轮廓，取消其轮廓线。使用"交互式填充工具"◙，单击属性栏中的"渐变填充"按钮■（快捷键F11），打开渐变填充的"编辑填充"对话框，调整颜色填充和具体参数，完成渐变填充。效果及颜色填充参数如图8-147所示。

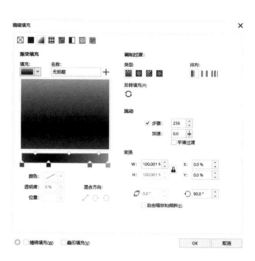

图8-147

（6）插线部件7-6

使用工具箱中的"钢笔"工具◙绘制插线部件7-6的轮廓，取消其轮廓线。使用"交互式填充工具"◙，单击属性栏中的"渐变填充"按钮■（快捷键F11），打开渐变填充的"编辑填充"对话框，调整颜色填充和具体参数，完成渐变填充。效果及颜色填充参数如图8-148所示。

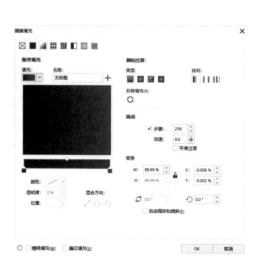

图8-148

　　框选中所有插线部分，单击鼠标右键，选择"组合"命令（使用快捷键Ctrl+G）。使用工具箱中的"矩形"工具 口 绘制一个矩形，取消其轮廓线。使用"交互式填充工具" ◙ ，单击属性栏中的"纯色填充"按钮 ■ ，或使用界面右侧调色板选择颜色进行填充。使用"透明度工具" ▩ ，单击属性栏中的"渐变透明度" ▣ ，拉出渐变透明的方向，完成透明度的调整，如图8-149所示。

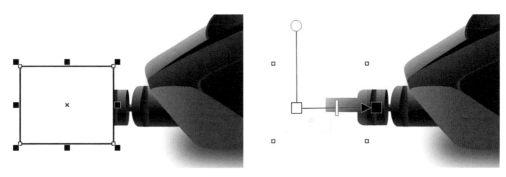

图8-149

　　鼠标侧面最终效果如图8-150所示。

图8-150

Chapter

第9章 电钻效果图的表现

9.1 绘制电钻的基本轮廓图

9.2 电钻手柄材质和细节表现

9.3 电钻电机外壳材质和细节表现

9.4 电钻机体材质和细节表现

9.5 电钻钻头材质和细节表现

9.6 调速开关材质和细节表现

本章以电钻为例，重点讲解如何运用CorelDRAW软件表现电钻的复杂曲面造型、明暗关系及亚光塑料和塑料电镀的质感。塑料电镀工艺是指在塑料件的表面上通过金属化处理的方法沉积一层薄的金属层，然后在薄的导电层上进行电镀加工的方法。塑料电镀产品具有金属光泽且美观大方，可以防止塑料的老化，同时提高塑料的机械强度。塑料电镀已大量应用在工具、电子、汽车、家居等产品上。如图9-1所示为电钻效果。

图9-1

9.1 绘制电钻的基本轮廓图

电钻大致可以分为6个部分，分别为手柄、机体、扭矩调节、钻头、夹头和调速开关。在CorelDRAW软件中，首先使用工具箱中的"钢笔"工具绘制出电钻的轮廓，并用"形状"工具选中图形节点，调整图形中的线条。轮廓图绘制如图9-2所示。

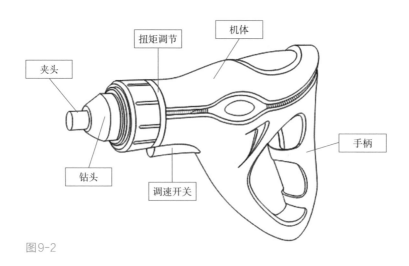

图9-2

9.2　电钻手柄材质和细节表现

电钻手柄效果如图9-3所示。

图9-3

9.2.1　手柄主体颜色及材质表现

使用工具箱中的"钢笔"工具 绘制手柄主体轮廓，如图9-4所示，取消其轮廓线，使用"交互式填充工具" ，单击属性栏中的"渐变填充"按钮 （快捷键F11），打开渐变填充的"编辑填充"对话框，调整颜色填充和具体参数，完成渐变填充。效果及颜色填充参数如图9-5所示。

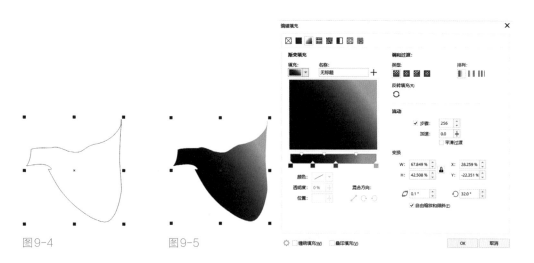

图9-4　　　　图9-5

9.2.2 手柄部件材质及细节表现

手柄部件如图9-6所示。

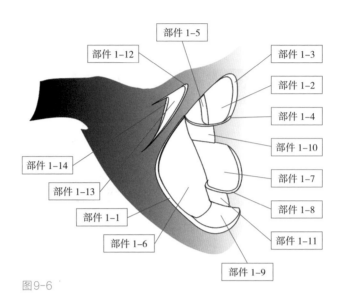

图9-6

（1）手柄部件1-1

使用工具箱中的"钢笔"工具📝绘制手柄部件1-1，如图9-7所示，取消其轮廓线，使用"交互式填充工具"🖌️，单击属性栏中的"渐变填充"按钮▱（快捷键F11），打开渐变填充的"编辑填充"对话框，调整颜色填充和具体参数，完成渐变填充。效果及颜色填充参数如图9-8所示。

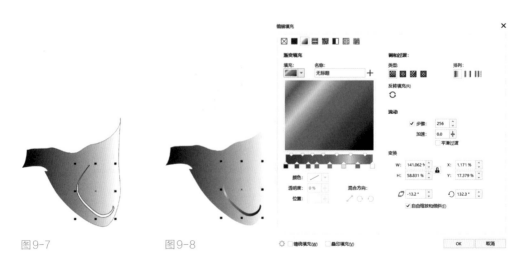

图9-7　　　　图9-8

（2）手柄部件1–2

　　使用工具箱中的"钢笔"工具绘制手柄部件1-2，如图9-9所示，取消其轮廓线。使用"交互式填充工具"，单击属性栏中的"渐变填充"按钮（快捷键F11），打开渐变填充的"编辑填充"对话框，调整颜色填充和具体参数，完成渐变填充。效果及颜色填充参数如图9-10所示。

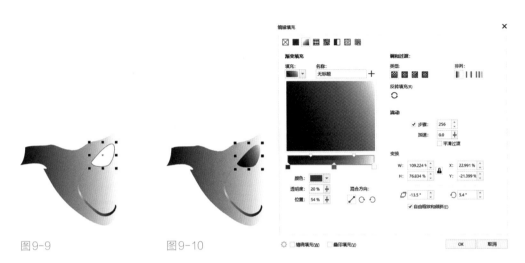

图9-9　　　　　　　　图9-10

（3）手柄部件1–3

　　使用工具箱中的"钢笔"工具绘制手柄部件1-3，如图9-11所示，取消其轮廓线。使用"交互式填充工具"，单击属性栏中的"渐变填充"按钮（快捷键F11），打开渐变填充的"编辑填充"对话框，调整颜色填充和具体参数，完成渐变填充。效果及颜色填充参数如图9-12所示。

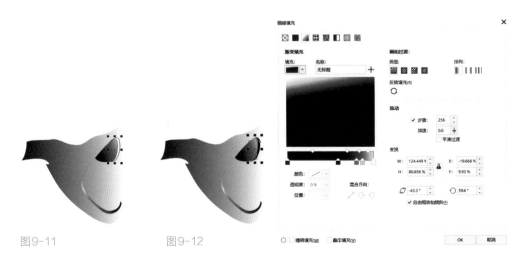

图9-11　　　　　　　　图9-12

（4）手柄部件1-4

使用工具箱中的"钢笔"工具 📷 绘制手柄部件1-4，如图9-13所示，取消其轮廓线。使用"交互式填充工具" 📷 ，单击属性栏中的"渐变填充"按钮 📷 （快捷键F11），打开渐变填充的"编辑填充"对话框，调整颜色填充和具体参数，完成渐变填充。效果及颜色填充参数如图9-14所示。

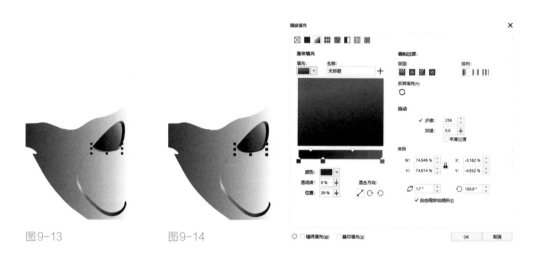

图9-13　　　　图9-14

（5）手柄部件1-5

使用工具箱中的"钢笔"工具 📷 绘制手柄部件1-5，如图9-15所示，取消其轮廓线。使用"交互式填充工具" 📷 ，单击属性栏中的"渐变填充"按钮 📷 （快捷键F11），打开渐变填充的"编辑填充"对话框，调整颜色填充和具体参数，完成渐变填充。效果及颜色填充参数如图9-16所示。

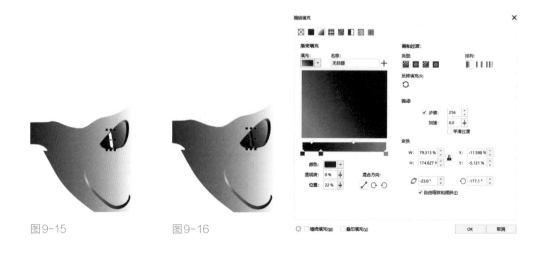

图9-15　　　　图9-16

（6）手柄部件 1-6

　　使用工具箱中的"钢笔"工具 🖊 绘制手柄部件 1-6，取消其轮廓线。使用"交互式填充工具" 🖌，单击属性栏中的"纯色填充"按钮 ■，或使用界面右侧调色板选择颜色进行填充，如图 9-17 所示。

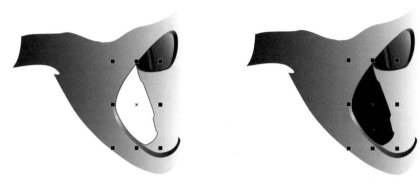

图 9-17

（7）手柄部件 1-7

　　使用工具箱中的"钢笔"工具 🖊 绘制手柄部件 1-7，如图 9-18 所示，取消其轮廓线。使用"交互式填充工具" 🖌，单击属性栏中的"渐变填充"按钮 ▥（快捷键 F11），打开渐变填充的"编辑填充"对话框，调整颜色填充和具体参数，完成渐变填充。效果及颜色填充参数如图 9-19 所示。

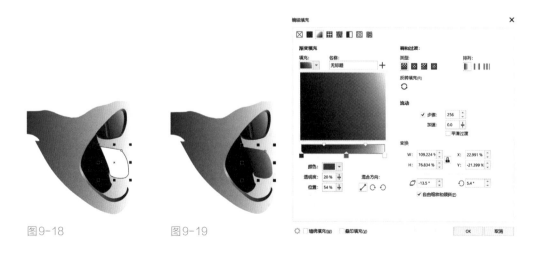

图 9-18　　　　　图 9-19

（8）手柄部件1-8

使用工具箱中的"钢笔"工具✑绘制手柄部件1-8，如图9-20所示，取消其轮廓线。使用"交互式填充工具"✑，单击属性栏中的"渐变填充"按钮▣（快捷键F11），打开渐变填充的"编辑填充"对话框，调整颜色填充和具体参数，完成渐变填充。效果及颜色填充参数如图9-21所示。

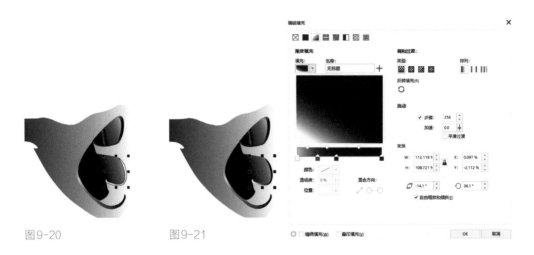

图9-20　　　　图9-21

（9）手柄部件1-9

使用工具箱中的"钢笔"工具✑绘制手柄部件1-9，如图9-22所示，取消其轮廓线。使用"交互式填充工具"✑，单击属性栏中的"渐变填充"按钮▣（快捷键F11），打开渐变填充的"编辑填充"对话框，调整颜色填充和具体参数，完成渐变填充。效果及颜色填充参数如图9-23所示。

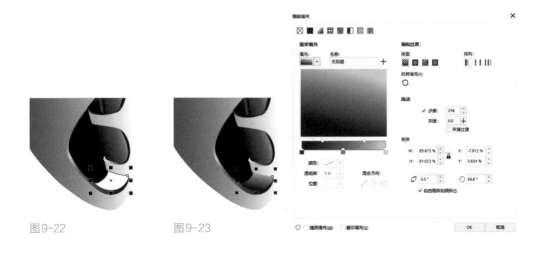

图9-22　　　　图9-23

（10）手柄部件 1-10

　　使用工具箱中的"钢笔"工具🖊️绘制手柄部件 1-10，如图 9-24 所示，取消其轮廓线。使用"交互式填充工具"🎨，单击属性栏中的"渐变填充"按钮◢（快捷键 F11），打开渐变填充的"编辑填充"对话框，调整颜色填充和具体参数，完成渐变填充。效果及颜色填充参数如图 9-25 所示。

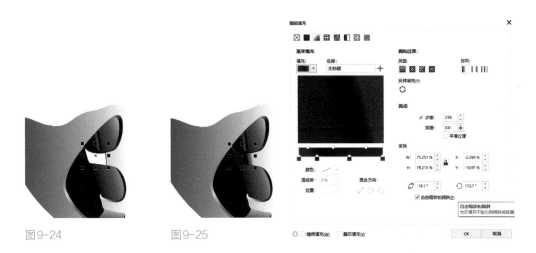

图9-24　　　　　　　图9-25

（11）手柄部件 1-11

　　使用工具箱中的"钢笔"工具🖊️绘制手柄部件 1-11，如图 9-26 所示，取消其轮廓线。使用"交互式填充工具"🎨，单击属性栏中的"渐变填充"按钮◢（快捷键 F11），打开渐变填充的"编辑填充"对话框，调整颜色填充和具体参数，完成渐变填充。效果及颜色填充参数如图 9-27 所示。

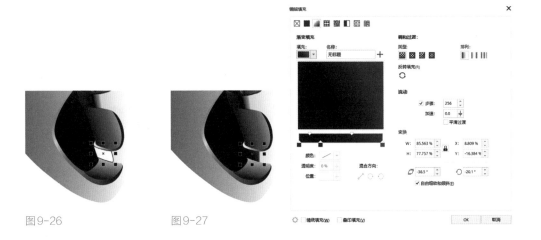

图9-26　　　　　　　图9-27

使用工具箱中的"钢笔"工具 ⓐ 绘制手柄部件的阴影部分轮廓，使用工具箱中的"三点椭圆形工具" 🛠️ 3点椭圆形(3)（长按鼠标左键，打开"椭圆工具" ⌀ 隐藏下的三点椭圆形工具），绘制手柄部件的高光部分轮廓，并用"形状"工具 ⓝ 选中图形节点，调整图形中的线条。取消阴影和高光部分的轮廓线，填充上颜色，如图9-28所示。然后单击菜单栏中的"位图"命令按钮，选择下面的子命令"转换为位图"按钮，打开"转换为位图对话框"，调整具体参数。将阴影和高光部分矢量图形转换为位图。具体参数如图9-29所示。

图9-28　　　　　　　　　　　　　　　　　图9-29

单击菜单栏中的"效果"命令按钮，选择下面的子命令"模糊"按钮，再选择"高斯式模糊"按钮，打开"高斯式模糊对话框"，调整具体参数。将阴影和高光部分做模糊处理。具体参数及效果如图9-30和图9-31所示。

图9-30　　　　　　　　　　　　　　　　　　　　　　　图9-31

（12）手柄部件 1-12

使用工具箱中的"钢笔"工具 🖋 绘制手柄部件 1-12，如图 9-32 所示，取消其轮廓线。使用"交互式填充工具" 🖦，单击属性栏中的"渐变填充"按钮 ◧（快捷键 F11），打开渐变填充的"编辑填充"对话框，调整颜色填充和具体参数，完成渐变填充。效果及颜色填充参数如图 9-33 所示。

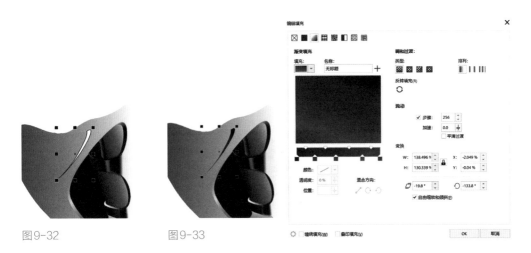

图9-32　　　　图9-33

（13）手柄部件 1-13

使用工具箱中的"钢笔"工具 🖋 绘制手柄部件 1-13，如图 9-34 所示，取消其轮廓线。使用"交互式填充工具" 🖦，单击属性栏中的"渐变填充"按钮 ◧（快捷键 F11），打开渐变填充的"编辑填充"对话框，调整颜色填充和具体参数，完成渐变填充。效果及颜色填充参数如图 9-35 所示。

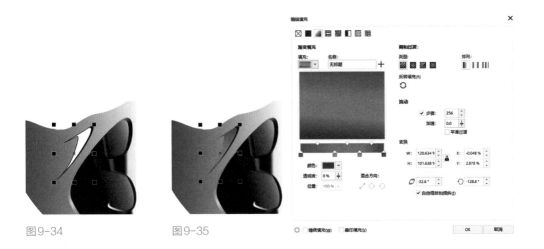

图9-34　　　　图9-35

（14）手柄部件1-14

使用工具箱中的"钢笔"工具 绘制手柄部件1-14，如图9-36所示，取消其轮廓线。使用"交互式填充工具" ，单击属性栏中的"渐变填充"按钮 （快捷键F11），打开渐变填充的"编辑填充"对话框，调整颜色填充和具体参数，完成渐变填充。效果及颜色填充参数如图9-37所示。

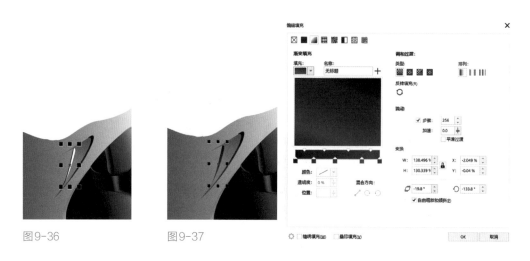

图9-36　　　　图9-37

9.3　电钻电机外壳材质和细节表现

电机外壳效果如图9-38所示。

电机外壳部件如图9-39所示。

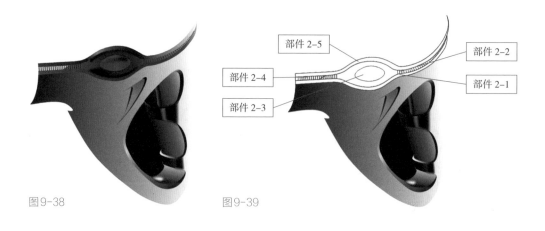

图9-38　　　　图9-39

（1）电机外壳部件2-1

使用工具箱中的"钢笔"工具绘制电机外壳部件2-1，如图9-40所示，取消其轮廓线。使用"交互式填充工具"，单击属性栏中的"渐变填充"按钮（快捷键F11），打开渐变填充的"编辑填充"对话框，调整颜色填充和具体参数，完成渐变填充。效果及颜色填充参数如图9-41所示。

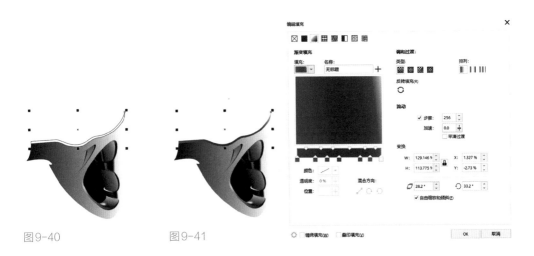

图9-40　　　　图9-41

（2）电机外壳部件2-2

使用工具箱中的"钢笔"工具绘制电机外壳部件2-2，如图9-42所示，取消其轮廓线。使用"交互式填充工具"，单击属性栏中的"渐变填充"按钮（快捷键F11），打开渐变填充的"编辑填充"对话框，调整颜色填充和具体参数，完成渐变填充。效果及颜色填充参数如图9-43所示。

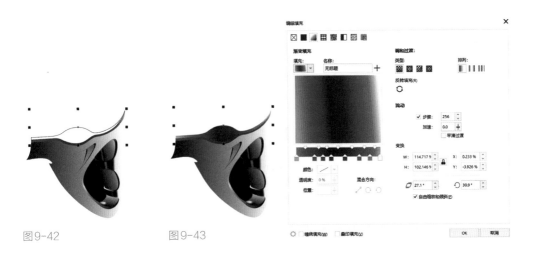

图9-42　　　　图9-43

（3）电机外壳部件2-3

使用工具箱中的"钢笔"工具🖊绘制电机外壳部件2-3，如图9-44所示，取消其轮廓线。使用"交互式填充工具"🖌，单击属性栏中的"渐变填充"按钮▣（快捷键F11），打开渐变填充的"编辑填充"对话框，调整颜色填充和具体参数，完成渐变填充。效果及颜色填充参数如图9-45所示。

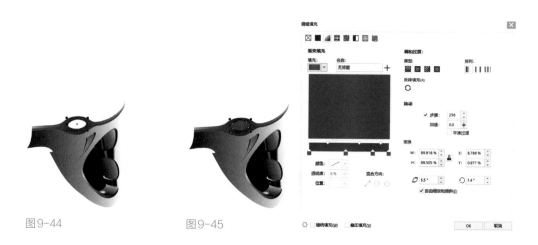

图9-44　　　　　图9-45

（4）电机外壳部件2-4

使用工具箱中的"钢笔"工具🖊绘制电机外壳部件2-4，如图9-46所示，取消其轮廓线。使用"交互式填充工具"🖌，单击属性栏中的"渐变填充"按钮▣（快捷键F11），打开渐变填充的"编辑填充"对话框，调整颜色填充和具体参数，完成渐变填充。效果及颜色填充参数如图9-47和图9-48所示。

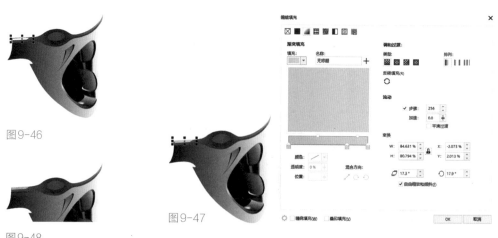

图9-46

图9-48

图9-47

（5）电机外壳部件2-5

绘制电机外壳部件2-5，如图9-49所示，取消其轮廓线。使用"交互式填充工具"，单击属性栏中的"渐变填充"按钮（快捷键F11），打开渐变填充的"编辑填充"对话框，调整颜色填充和具体参数，完成渐变填充。效果及颜色填充参数如图9-50所示。

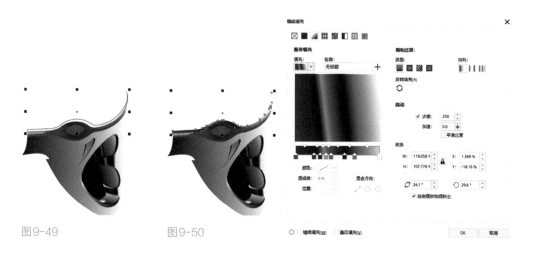

图9-49   图9-50

参照之前绘制高光的方法，完成阴影部分的绘制，如图9-51所示。

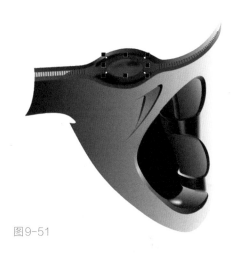

图9-51

9.4 电钻机体材质和细节表现

电钻机体效果如图9-52所示。

电钻机体部件如图9-53所示。

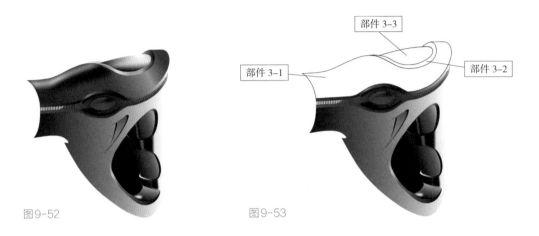

图9-52

图9-53

（1）机体部件3-1

使用工具箱中的"钢笔"工具 绘制机体部件3-1的轮廓，如图9-54所示，取消其轮廓线。使用"交互式填充工具" ，单击属性栏中的"渐变填充"按钮 （快捷键F11），打开渐变填充的"编辑填充"对话框，调整颜色填充和具体参数，完成渐变填充。效果及颜色填充参数如图9-55所示。

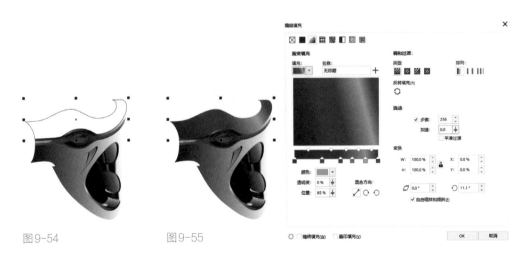

图9-54

图9-55

（2）机体部件 3-2

　　使用工具箱中的"钢笔"工具⬥绘制机体部件 3-2 的轮廓，如图 9-56 所示，取消其轮廓线。使用"交互式填充工具"◈，单击属性栏中的"渐变填充"按钮◼（快捷键 F11），打开渐变填充的"编辑填充"对话框，调整颜色填充和具体参数，完成渐变填充。效果及颜色填充参数如图 9-57 所示。

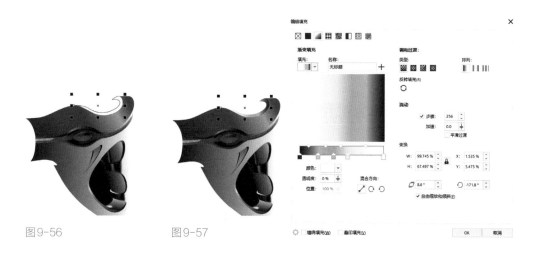

图 9-56　　　　图 9-57

（3）机体部件 3-3

　　使用工具箱中的"钢笔"工具⬥绘制机体部件 3-3 的轮廓，如图 9-58 所示，取消其轮廓线。使用"交互式填充工具"◈，单击属性栏中的"渐变填充"按钮◼（快捷键 F11），打开渐变填充的"编辑填充"对话框，调整颜色填充和具体参数，完成渐变填充。效果及颜色填充参数如图 9-59 所示。

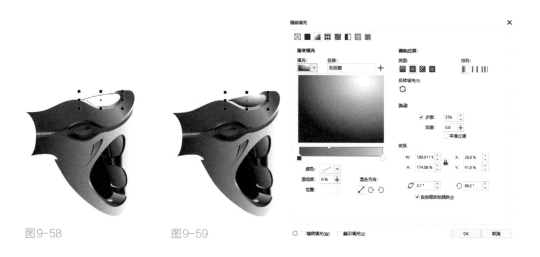

图 9-58　　　　图 9-59

参照之前绘制阴影的方法，完成阴影部分的绘制，如图9-60所示。

图9-60

9.5　电钻钻头材质和细节表现

电钻钻头效果如图9-61所示。

图9-61

电钻钻头部件如图9-62所示。

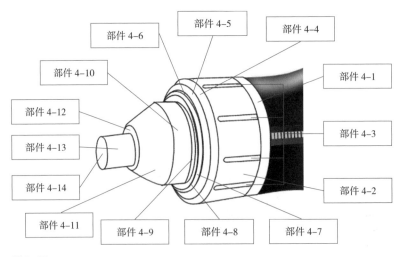

图9-62

9.5.1　扭矩调节部件颜色及材质表现

（1）扭矩部件4-1

使用工具箱中的"钢笔"工具█绘制扭矩部件4-1的轮廓，如图9-63所示，取消其轮廓线。使用"交互式填充工具"█，单击属性栏中的"渐变填充"按钮█（快捷键F11），打开渐变填充的"编辑填充"对话框，调整颜色填充和具体参数，完成渐变填充。效果及颜色填充参数如图9-64所示。

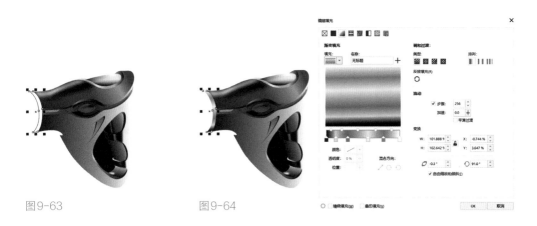

图9-63　　　　　　　　图9-64

（2）扭矩部件4-2

使用工具箱中的"钢笔"工具█绘制扭矩部件4-2的轮廓，如图9-65所示，取消其轮廓线。使用"交互式填充工具"█，单击属性栏中的"渐变填充"按钮█（快捷键F11），打开渐变填充的"编辑填充"对话框，调整颜色填充和具体参数，完成渐变填充。效果及颜色填充参数如图9-66所示。

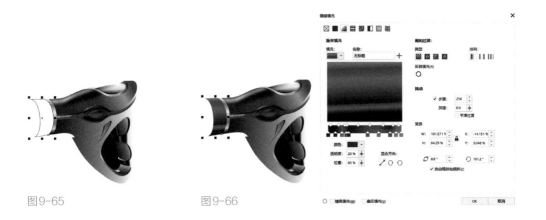

图9-65　　　　　　　　图9-66

（3）扭矩部件4-3

使用工具箱中的"钢笔"工具 ✎ 绘制扭矩部件4-3 的轮廓，如图9-67所示，取消其轮廓线。使用"交互式填充工具" ◈，单击属性栏中的"渐变填充"按钮 ▣（快捷键F11），打开渐变填充的"编辑填充"对话框，调整颜色填充和具体参数，完成渐变填充。效果及颜色填充参数如图9-68~图9-71所示。

图9-67

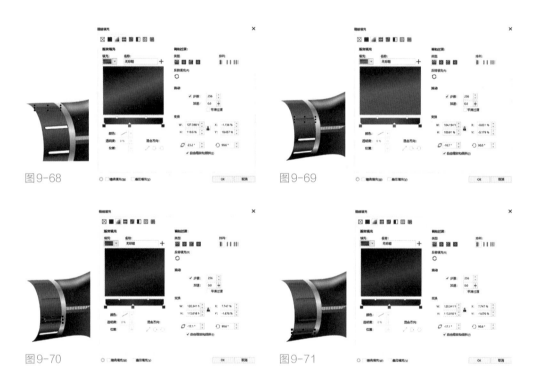

图9-68　　　　　　　　　　　　　　　　图9-69

图9-70　　　　　　　　　　　　　　　　图9-71

（4）扭矩部件4-4

使用工具箱中的"钢笔"工具 ✎ 绘制扭矩部件4-4的轮廓，如图9-72所示，取消其轮廓线。使用"交互式填充工具" ◈，单击属性栏中的"渐变填充"按钮 ▣（快捷键F11），打开渐变填充的"编辑填充"对话框，调整颜色填充和具体参数，完成渐变填充。效果及颜色填充参数如图9-73所示。

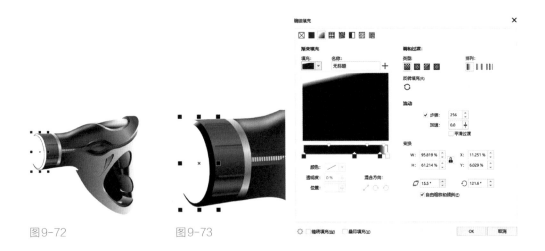

图9-72　　　　　　　　　　图9-73

（5）扭矩部件4–5

　　使用工具箱中的"钢笔"工具🖋绘制扭矩部件4–5的轮廓，如图9–74所示，取消其轮廓线。使用"交互式填充工具"🖌，单击属性栏中的"渐变填充"按钮▣（快捷键F11），打开渐变填充的"编辑填充"对话框，调整颜色填充和具体参数，完成渐变填充。效果及颜色填充参数如图9–75所示。

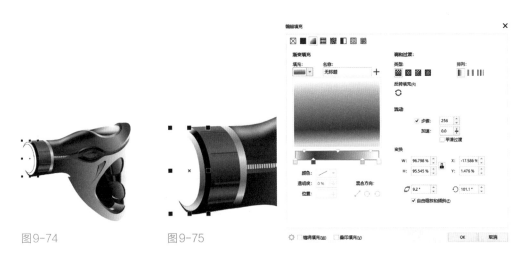

图9-74　　　　　　　　　　图9-75

（6）扭矩部件4–6

　　使用工具箱中的"钢笔"工具🖋绘制扭矩部件4–6的轮廓，如图9–76所示，取消其轮廓线。使用"交互式填充工具"🖌，单击属性栏中的"渐变填充"按钮▣（快捷键F11），打开渐变填充的"编辑填充"对话框，调整颜色填充和具体参数，完成渐变填充。效果及颜色填充参数如图9-77所示。

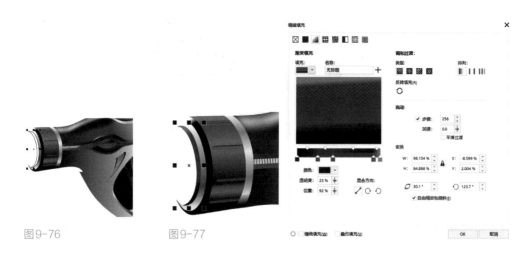

图9-76   图9-77

9.5.2　钻头部件颜色及材质表现

（1）钻头部件4-7

使用工具箱中的"钢笔"工具 绘制钻头部件4-7的轮廓，如图9-78所示，取消其轮廓线。使用"交互式填充工具" ，单击属性栏中的"渐变填充"按钮 （快捷键F11），打开渐变填充的"编辑填充"对话框，调整颜色填充和具体参数，完成渐变填充。效果及颜色填充参数如图9-79所示。

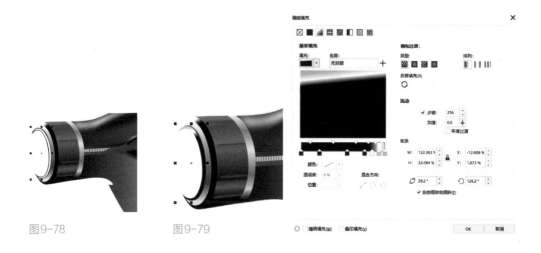

图9-78   图9-79

（2）钻头部件4-8

使用工具箱中的"钢笔"工具绘制钻头部件4-8的轮廓，如图9-80所示，取消其轮廓线。使用"交互式填充工具"，单击属性栏中的"渐变填充"按钮（快捷键F11），打开渐变填充的"编辑填充"对话框，调整颜色填充和具体参数，完成渐变填充。效果及颜色填充参数如图9-81所示。

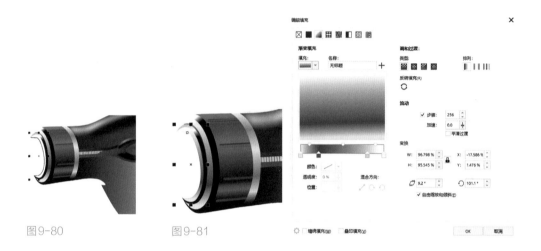

图9-80　　　　图9-81

（3）钻头部件4-9

使用工具箱中的"钢笔"工具绘制钻头部件4-9的轮廓，如图9-82所示，取消其轮廓线。使用"交互式填充工具"，单击属性栏中的"渐变填充"按钮（快捷键F11），打开渐变填充的"编辑填充"对话框，调整颜色填充和具体参数，完成渐变填充。效果及颜色填充参数如图9-83所示。

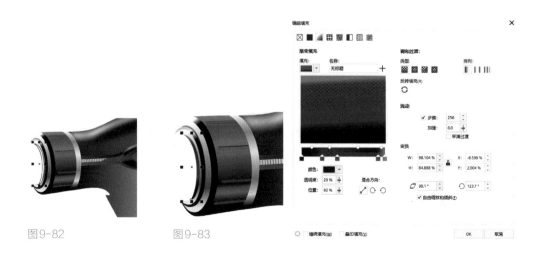

图9-82　　　　图9-83

（4）钻头部件4-10

使用工具箱中的"钢笔"工具 ✍ 绘制钻头部件4-10的轮廓，如图9-84所示，取消其轮廓线。使用"交互式填充工具" ✍ ，单击属性栏中的"渐变填充"按钮 ▨ （快捷键F11），打开渐变填充的"编辑填充"对话框，调整颜色填充和具体参数，完成渐变填充。效果及颜色填充参数如图9-85所示。

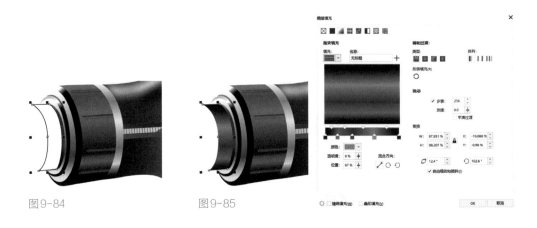

图9-84　　　　　　图9-85

9.5.3　夹头部件颜色及材质表现

（1）夹头部件4-11

使用工具箱中的"钢笔"工具 ✍ 绘制夹头部件4-11的轮廓，如图9-86所示，取消其轮廓线。使用"交互式填充工具" ✍ ，单击属性栏中的"渐变填充"按钮 ▨ （快捷键F11），打开渐变填充的"编辑填充"对话框，调整颜色填充和具体参数，完成渐变填充。效果及颜色填充参数如图9-87所示。

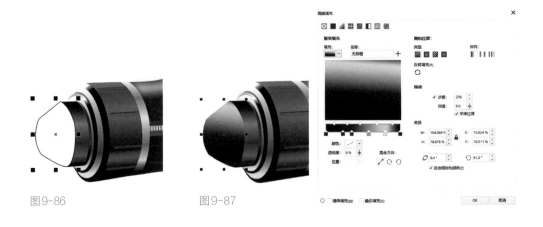

图9-86　　　　　　图9-87

（2）钻头部件4-12

使用工具箱中的"钢笔"工具🖋绘制夹头部件4-12的轮廓，如图9-88所示，取消其轮廓线。使用"交互式填充工具"🖌，单击属性栏中的"渐变填充"按钮▣（快捷键F11），打开渐变填充的"编辑填充"对话框，调整颜色填充和具体参数，完成渐变填充。效果及颜色填充参数如图9-89所示。

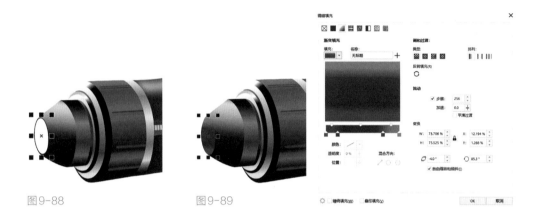

图9-88　　　　　图9-89

（3）夹头部件4-13

使用工具箱中的"矩形工具"▢绘制夹头部件4-13的轮廓，单击属性栏上的"圆角"▢▢▢按钮，将夹头部件4-13绘制成一个圆角矩形，并用"形状"工具⬚选中图形节点，调整图形中线条，如图9-90所示，取消其轮廓线。使用"交互式填充工具"🖌，单击属性栏中的"渐变填充"按钮▣（快捷键F11），打开渐变填充的"编辑填充"对话框，调整颜色填充和具体参数，完成渐变填充。效果及颜色填充参数如图9-91所示。

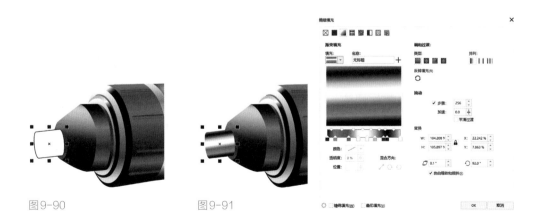

图9-90　　　　　图9-91

（4）夹头部件4-14

使用工具箱中的"三点椭圆形工具" 3点椭圆形(3)（长按鼠标左键，打开"椭圆工具"隐藏下的三点椭圆形工具），绘制出夹头部件4-14的轮廓，使用属性栏中的"转换为曲线"按钮（或使用快捷键Ctrl+Q），调整图形中线条的弧度，如图9-92所示，取消其轮廓线。使用"交互式填充工具"，单击属性栏中的"渐变填充"按钮（快捷键F11），打开渐变填充的"编辑填充"对话框，调整颜色填充和具体参数，完成渐变填充。效果及颜色填充参数如图9-93所示。

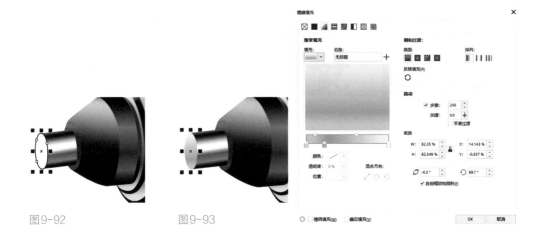

图9-92　　　　图9-93

（5）钻头部件的阴影部分表现

首先使用工具箱中的"钢笔"工具绘制钻头部件的阴影部分，取消其轮廓线，填充上颜色；然后单击菜单栏中的"位图"命令，选择下面的子命令"转换为位图"，打开"转换为位图对话框"，调整具体参数。将阴影部分矢量图形转换为位图。最后单击菜单栏中的"效果"命令按钮，选择下面的子命令"模糊"按钮，选择"高斯式模糊"按钮，打开"高斯式模糊对话框"，调整具体参数。将阴影部分做模糊处理，如图9-94和图9-45所示。

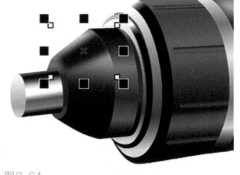

图9-94

图9-95

9.6　调速开关材质和细节表现

调速开关部件如图9-96所示。

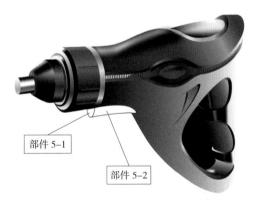

部件5-1

部件5-2

图9-96

（1）调速开关部件5-1

使用工具箱中的"钢笔"工具 绘制调速开关部件5-1的轮廓，如图9-97所示，取消其轮廓线。使用"交互式填充工具" ，单击属性栏中的"渐变填充"按钮

▣（快捷键F11），打开渐变填充的"编辑填充"对话框，调整颜色填充和具体参数，完成渐变填充。效果及颜色填充参数如图9-98所示。

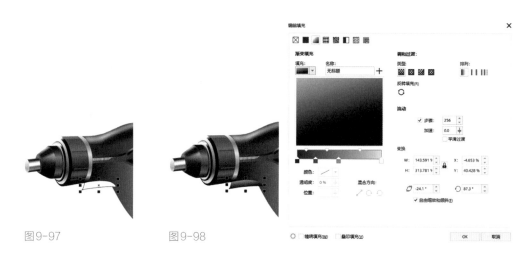

图9-97　　　　　　　　图9-98

（2）调速开关部件5-2

绘制机体部件5-2的轮廓，如图9-99所示，取消其轮廓线。使用"交互式填充工具"▨，单击属性栏中的"渐变填充"按钮▣（快捷键F11),打开渐变填充的"编辑填充"对话框，调整颜色填充和具体参数，完成渐变填充。效果及颜色填充参数如图9-100所示。

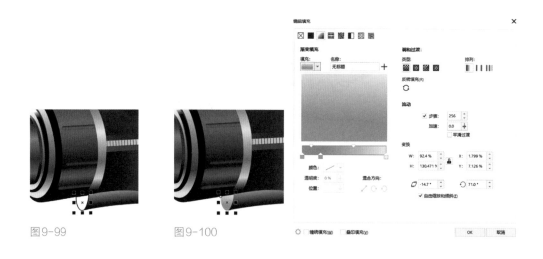

图9-99　　　　　　　　图9-100

电钻最终效果如图9-101所示。

图9-101

Chapter

第10章

跑车效果图的表现

10.1 绘制跑车的基本轮廓图

10.2 跑车车体材质和细节表现

10.3 跑车前车窗的材质和细节表现

10.4 跑车侧面车窗材质和细节表现

10.5 跑车上车体反光效果表现

10.6 跑车后视镜材质和细节表现

10.7 上车体侧面材质和细节表现

10.8 跑车前脸材质和细节表现

10.9 跑车车灯材质和细节表现

10.10 跑车轮胎材质和细节表现

本章以跑车为例，重点讲解如何运用CoreIDRAW软件去表现跑车的造型。由于跑车轮廓以曲线为主，前脸、车灯、轮胎等部分细节较多，反光区域较复杂，再加上跑车整体由塑料、玻璃、橡胶、金属等多种材料构成，因此在绘制过程中特别需要注意对跑车各个结构进行细致分析，以及把握好光影全面性和协调性的关系。如图10-1所示为跑车效果。

图10-1

10.1　绘制跑车的基本轮廓图

跑车大致可以分为6个部分，分别为车体、车窗、后视镜、车灯、前脸和轮胎。在CoreIDRAW软件中，首先使用工具箱中的"钢笔"工具绘制出跑车的轮廓和细节，并用"形状"工具选中图形节点，调整图形中的线条。轮廓图绘制如图10-2所示。

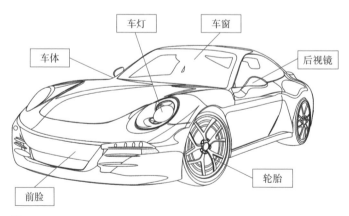

车灯　车窗

车体

后视镜

前脸

轮胎

图10-2

10.2　跑车车体材质和细节表现

　　跑车车体效果如图 10-3 所示。

　　使用工具箱中的"钢笔"工具🖋绘制跑车上车体轮廓，如图 10-4 所示，取消其轮廓线。使用"交互式填充工具"🖌，单击属性栏中的"渐变填充"按钮▤（快捷键F11），打开渐变填充的"编辑填充"对话框，调整颜色填充和具体参数，完成渐变填充。效果及颜色填充参数如图 10-5 所示。

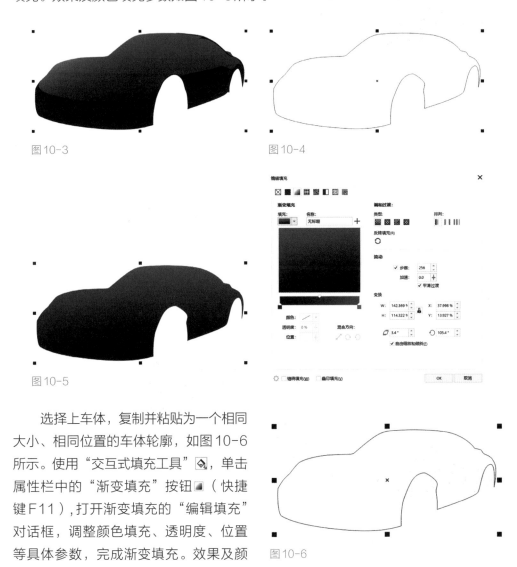

图 10-3

图 10-4

图 10-5

图 10-6

　　选择上车体，复制并粘贴为一个相同大小、相同位置的车体轮廓，如图 10-6 所示。使用"交互式填充工具"🖌，单击属性栏中的"渐变填充"按钮▤（快捷键F11），打开渐变填充的"编辑填充"对话框，调整颜色填充、透明度、位置等具体参数，完成渐变填充。效果及颜色填充参数如图 10-7 所示。

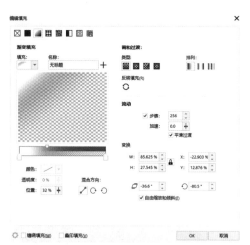

图 10-7

使用工具箱中的"钢笔"工具绘制跑车下车体轮廓，如图 10-8 所示。使用"交互式填充工具"，单击属性栏中的"渐变填充"按钮（快捷键 F11），打开渐变填充的"编辑填充"对话框，调整颜色填充和具体参数，完成渐变填充。效果及颜色填充参数如图 10-9 所示。

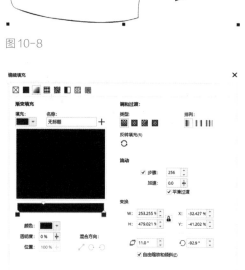

图 10-8

图 10-9

10.3　跑车前车窗的材质和细节表现

跑车前车窗效果如图 10-10 所示。

图 10-10

10.3.1　前车窗颜色及材质表现

使用工具箱中的"钢笔"工具⟨⟩绘制跑车前车窗轮廓，如图 10-11 所示，取消其轮廓线。使用"交互式填充工具"⟨⟩，单击属性栏中的"渐变填充"按钮▤（快捷键 F11），打开渐变填充的"编辑填充"对话框，调整颜色填充和具体参数，完成渐变填充。效果及颜色填充参数如图 10-12 所示。

图 10-11

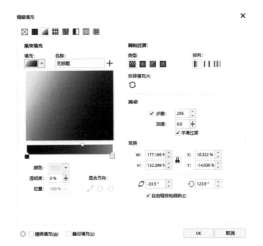

图 10-12

10.3.2 前车窗反光效果表现

跑车前车窗反光区域如图10-13所示。

图10-13

使用工具箱中的"钢笔"工具 ⬛ 绘制跑车前车窗反光区域1-1的轮廓，如图10-14所示，取消其轮廓线。使用"交互式填充工具" ⬛，单击属性栏中的"渐变填充"按钮 ◾（快捷键F11），打开渐变填充的"编辑填充"对话框，调整颜色填充、透明度、位置等具体参数，完成渐变填充。效果及颜色填充参数如图10-15所示。

图10-14

图10-15

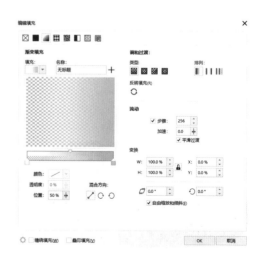

使用工具箱中的"钢笔"工具 🖊 绘制跑车前车窗反光区域 1-2 的轮廓，如图 10-16 所示，取消其轮廓线。使用"交互式填充工具" 🖊，单击属性栏中的"渐变填充"按钮 ■（快捷键 F11），打开渐变填充的"编辑填充"对话框，调整颜色填充、透明度、位置等具体参数，完成渐变填充。效果及颜色填充参数如图 10-17 所示。

图 10-16

图 10-17

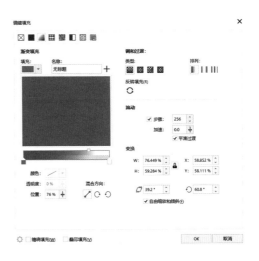

使用工具箱中的"钢笔"工具 🖊 绘制跑车前车窗反光区域 1-3 的轮廓，如图 10-18 所示，取消其轮廓线。使用"交互式填充工具" 🖊，单击属性栏中的"渐变填充"按钮 ■（快捷键 F11），打开渐变填充的"编辑填充"对话框，调整颜色填充和具体参数，完成渐变填充。效果及颜色填充参数如图 10-19 所示。

图 10-18

图 10-19

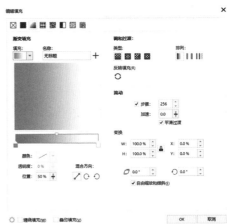

10.4　跑车侧面车窗材质和细节表现

跑车侧面车窗效果如图10-20所示。

用工具箱中的"钢笔"工具 🖊 绘制出侧面车窗主体的轮廓，如图10-21所示，取消其轮廓线。使用"交互式填充工具" 🖌，单击属性栏中的"渐变填充"按钮 ▰（快捷键F11），打开渐变填充的"编辑填充"对话框，调整颜色填充和具体参数，完成渐变填充。效果及颜色填充参数如图10-22所示。

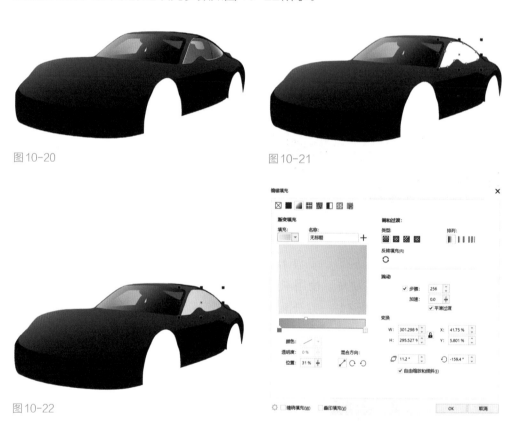

图10-20

图10-21

图10-22

选择侧面车窗，复制并粘贴为一个相同的形状，选中其结构点，按住Shift键的同时，按住鼠标左键，进行等比缩放，调整其位置大小，如图10-23所示。使用"交互式填充工具" 🖌，单击属性栏中的"渐变填充"按钮 ▰（快捷键F11），打开渐变填充的"编辑填充"对话框，调整颜色填充和具体参数，完成渐变填充。效果及颜色填充参数如图10-24所示。

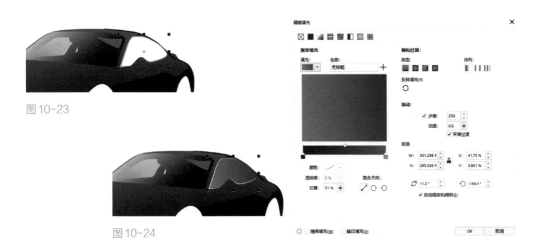

图 10-23

图 10-24

再次选择侧面车窗，复制并粘贴为一个相同的形状，选中其结构点，按住 Shift 键的同时，按住鼠标左键，进行等比缩放，调整其位置大小，如图 10-25 所示。使用"交互式填充工具" ，单击属性栏中的"渐变填充"按钮 （快捷键 F11），打开渐变填充的"编辑填充"对话框，调整颜色填充、透明度、位置等具体参数，完成渐变填充。效果及颜色填充参数如图 10-26 所示。

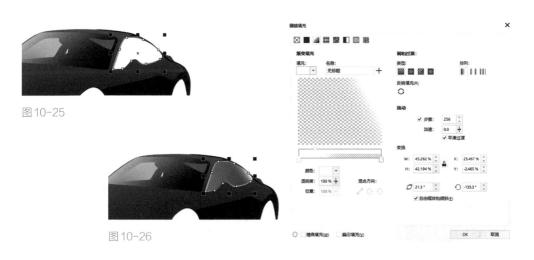

图 10-25

图 10-26

用工具箱中的"钢笔"工具 绘制出侧面车窗黑线，如图 10-27 所示。

使用工具箱中的"钢笔"工具 绘制侧面车窗反光区域的轮廓，如图 10-28 所示，取消其轮

图 10-27

廓线。使用"交互式填充工具" ，单击属性栏中的"渐变填充"按钮（快捷键F11），打开渐变填充的"编辑填充"对话框，调整颜色填充和具体参数，完成渐变填充。效果及颜色填充参数如图10-29所示。

图10-28

图10-29

10.5　跑车上车体反光效果表现

跑车上车体反光效果如图10-30所示。

跑车上车体反光区域如图10-31所示。

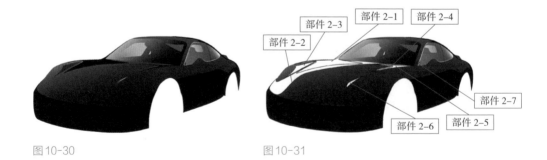

图10-30

图10-31

（1）反光区域2-1

使用工具箱中的"钢笔"工具绘制上车体反光区域2-1的轮廓，如图10-32所示，取消其轮廓线。使用"交互式填充工具" ，单击属性栏中的"渐变填充"按钮（快捷键F11），打开渐变填充的"编辑填充"对话框，调整颜色填充和具体参数，完成渐变填充。效果及颜色填充参数如图 10-33 所示。

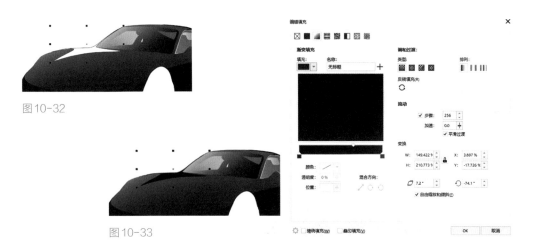

图 10-32

图 10-33

（2）反光区域2-2

使用工具箱中的"钢笔"工具 ✍ 绘制上车体反光区域 2-2 的轮廓，如图 10-34 所示，取消其轮廓线，并调整其顺序。使用"交互式填充工具" ◢，单击属性栏中的 "渐变填充"按钮 ▰（快捷键 F11），打开渐变填充的"编辑填充"对话框，调整颜色填充、透明度、位置等具体参数，完成渐变填充。效果及颜色填充参数如图 10-35 所示。

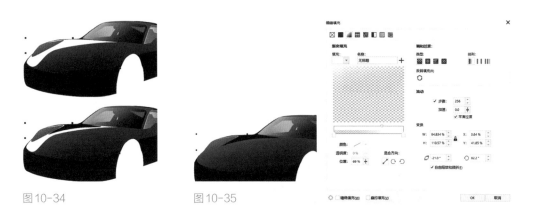

图 10-34

图 10-35

（3）反光区域2-3

使用工具箱中的"钢笔"工具 ✍ 绘制上车体反光区域 2-3 的轮廓，如图 10-36 所示，取消其轮廓线。使用"交互式填充工具" ◢，单击属性栏中的"渐变填充"按钮■（快捷键F11），打开渐变填充的"编辑填充"对话框，调整颜色填充、透明度、位置等具体参数，完成渐变填充。效果及颜色填充参数如图10-37所示。

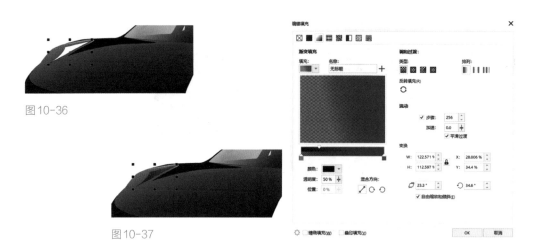

图10-36

图10-37

（4）反光区域2-4

　　使用工具箱中的"钢笔"工具⬤绘制反光区域2-4的轮廓，如图10-38所示，取消其轮廓线。使用"交互式填充工具"◈，单击属性栏中的"渐变填充"按钮■（快捷键F11），打开渐变填充的"编辑填充"对话框，调整颜色填充、透明度、位置等具体参数，完成渐变填充。效果及颜色填充参数如图10-39所示。

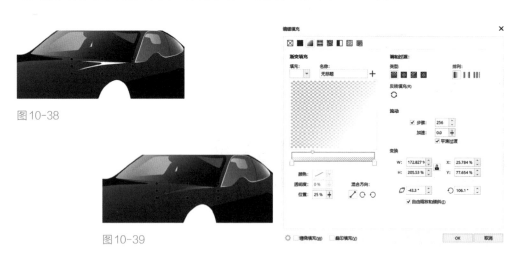

图10-38

图10-39

（5）反光区域 2-5

选择反光区域 2-4，复制并粘贴为一个相同的形状，即反光区域 2-5，选中其结构点，按住 Shift 键的同时，按住鼠标左键，进行等比缩放，调整其位置大小，如图 10-40 所示。使用"交互式填充工具" ，单击属性栏中的"渐变填充"按钮 （快捷键 F11），打开渐变填充的"编辑填充"对话框，调整颜色填充和具体参数，完成渐变填充。效果及颜色填充参数如图 10-41 所示。

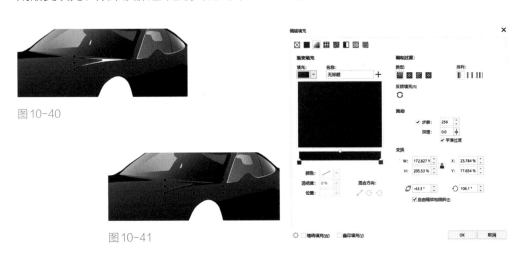

图 10-40

图 10-41

（6）反光区域 2-6

使用工具箱中的"钢笔"工具 绘制反光区域 2-6 的轮廓，如图 10-42 所示，取消其轮廓线。使用"交互式填充工具" ，单击属性栏中的"渐变填充"按钮 （快捷键 F11），打开渐变填充的"编辑填充"对话框，调整颜色填充和具体参数，完成渐变填充。效果及颜色填充参数如图 10-43 所示。

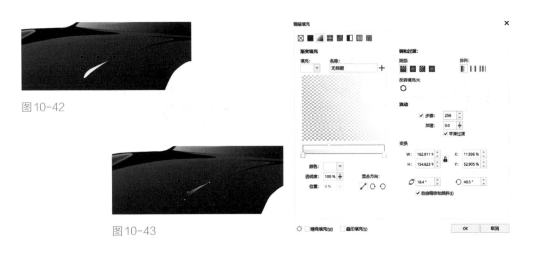

图 10-42

图 10-43

（7）反光区域4-7

　　使用工具箱中的"钢笔"工具 绘制反光区域4-7的轮廓，如图10-44所示，取消其轮廓线。使用"交互式填充工具" ，单击属性栏中的"渐变填充"按钮 （快捷键F11），打开渐变填充的"编辑填充"对话框，调整颜色填充和具体参数，完成渐变填充。效果及颜色填充参数如图10-45所示。

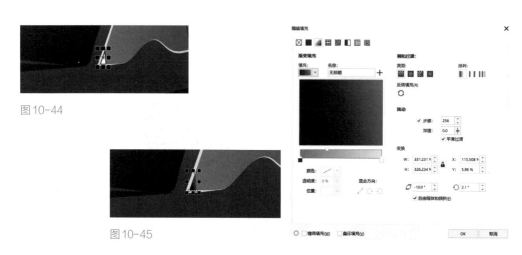

图10-44

图10-45

10.6　跑车后视镜材质和细节表现

　　跑车后视镜效果如图10-46所示。

　　跑车后视镜部件如图10-47所示。

图10-46　　　　　　　　　图10-47

（1）后视镜部件3-1

　　使用工具箱中的"钢笔"工具 绘制出后视镜部件3-1的轮廓和黑线，如

图 10-48 所示，取消其轮廓线。使用"交互式填充工具" ，单击属性栏中的"渐变填充"按钮 （快捷键 F11），打开渐变填充的"编辑填充"对话框，调整颜色填充和具体参数，完成渐变填充。效果及颜色填充参数如图 10-49 所示。

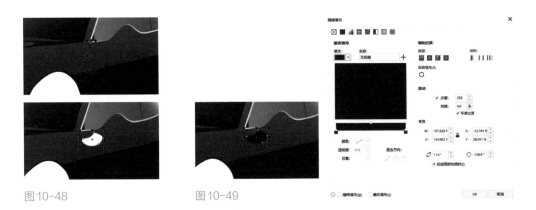

图 10-48   图 10-49

（2）后视镜部件 3-2

使用工具箱中的"钢笔"工具 绘制出后视镜部件 3-2 的轮廓，如图 10-50 所示，取消其轮廓线。使用"交互式填充工具" ，单击属性栏中的"渐变填充"按钮 （快捷键 F11），打开渐变填充的"编辑填充"对话框，调整颜色填充和具体参数，完成渐变填充。效果及颜色填充参数如图 10-51 所示。

图 10-50

图 10-51

（3）后视镜部件3-3

使用工具箱中的"钢笔"工具 绘制出后视镜部件3-3的轮廓，如图10-52所示，取消其轮廓线。使用"交互式填充工具" ，单击属性栏中的"渐变填充"按钮 （快捷键F11），打开渐变填充的"编辑填充"对话框，调整颜色填充和具体参数，完成渐变填充。效果及颜色填充参数如图10-53所示。

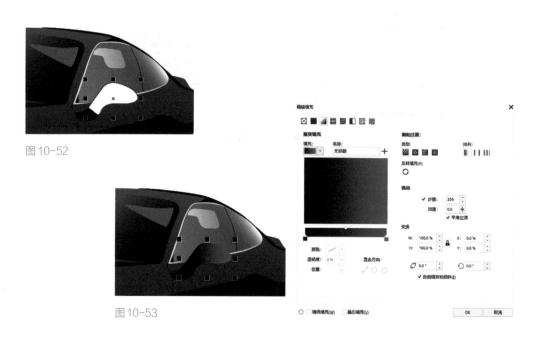

图10-52

图10-53

使用工具箱中的"钢笔"工具 绘制后视镜高光部分的轮廓，如图10-54所示，取消其轮廓线。使用"交互式填充工具" ，单击属性栏中的"渐变填充"按钮 （快捷键F11），打开渐变填充的"编辑填充"对话框，调整颜色填充、透明度、位置等具体参数，完成渐变填充。效果及颜色填充参数如图10-55和图10-56所示。

图10-54

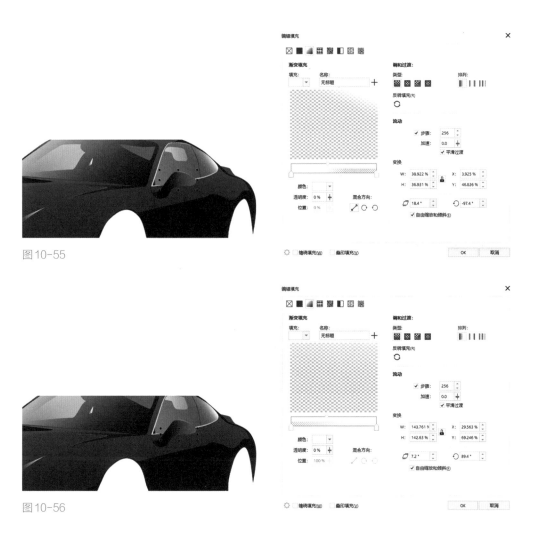

图 10-55

图 10-56

使用工具箱中的"钢笔"工具 绘制出黑线，如图 10-57 所示。

图 10-57

（4）后视镜部件3-4

使用工具箱中的"钢笔"工具 ▧ 绘制出后视镜部件3-4的轮廓，如图10-58所示，取消其轮廓线。使用"交互式填充工具"◩，单击属性栏中的"渐变填充"按钮 ▦（快捷键F11），打开渐变填充的"编辑填充"对话框，调整颜色填充和具体参数，完成渐变填充。效果及颜色填充参数如图10-59所示。

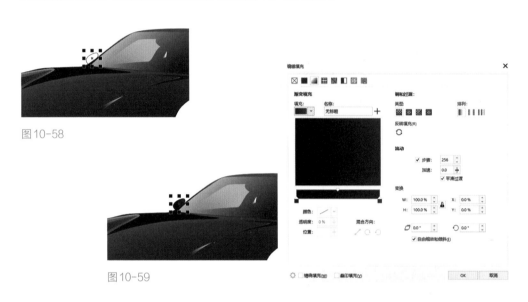

图10-58

图10-59

使用工具箱中的"钢笔"工具 ▧ 绘制后视镜高光部分的轮廓，如图10-60所示，取消其轮廓线。使用"交互式填充工具"◩，单击属性栏中的"渐变填充"按钮 ▦（快捷键F11），打开渐变填充的"编辑填充"对话框，调整颜色填充和具体参数，完成渐变填充。效果及颜色填充参数如图10-61所示。

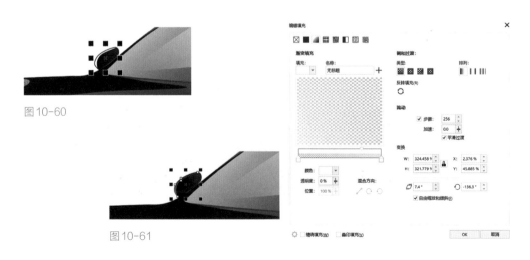

图10-60

图10-61

　　使用工具箱中的"钢笔"工具绘制出反光区域的轮廓，如图10-62所示，取消其轮廓线。使用"交互式填充工具"，单击属性栏中的"渐变填充"按钮（快捷键F11），打开渐变填充的"编辑填充"对话框，调整颜色填充、透明度、位置等具体参数，完成渐变填充。效果及颜色填充参数如图10-63所示。

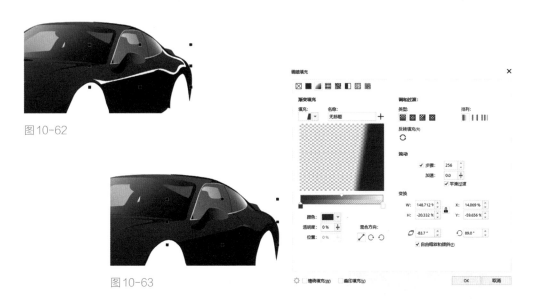

图10-62

图10-63

　　使用工具箱中的"钢笔"工具绘制出黑线，如图10-64所示。

图10-64

10.7　上车体侧面材质和细节表现

　　上车体侧面效果如图10-65所示。
　　上车体侧面部件如图10-66所示。

图 10-65　　　　　　　　　　　　　　　　　图 10-66

（1）上车体侧面部件4-1

　　使用工具箱中的"钢笔"工具 🖋 绘制出上车体侧面部件 4-1 的轮廓，如图 10-67 所示，取消其轮廓线。使用"交互式填充工具" 🔖，单击属性栏中的"渐变填充"按钮 ▣ （快捷键F11），打开渐变填充的"编辑填充"对话框，调整颜色填充和具体参数，完成渐变填充。效果及颜色填充参数如图 10-68 所示。

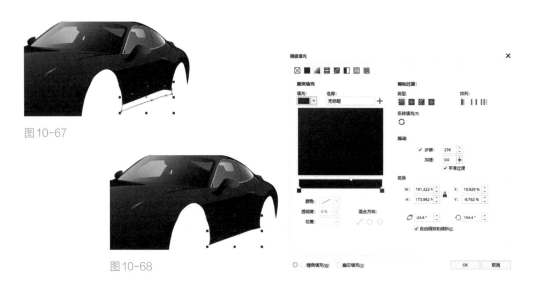

图 10-67

图 10-68

（2）上车体侧面部件4-2

　　使用工具箱中的"钢笔"工具 🖋 绘制出上车体侧面部件 4-2 的轮廓，如图 10-69 所示，取消其轮廓线。使用"交互式填充工具" 🔖，单击属性栏中的"渐变填充"按钮 ▣ （快捷键F11），打开渐变填充的"编辑填充"对话框，调整颜色填充、透明度、位置等具体参数，完成渐变填充。效果及颜色填充参数如图 10-70 所示。

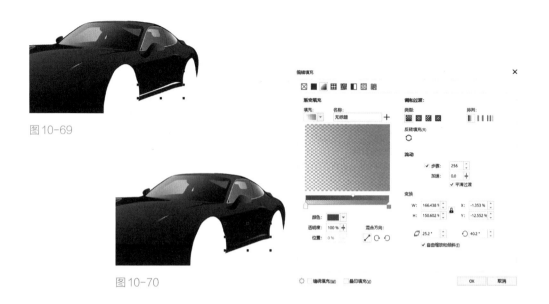

图10-69

图10-70

（3）上车体侧面部件4-3

　　使用工具箱中的"钢笔"工具 ✐ 绘制出上车体侧面部件4-3的轮廓，如图10-71所示，取消其轮廓线。使用"交互式填充工具" ◈，单击属性栏中的"渐变填充"按钮 ▣（快捷键F11），打开渐变填充的"编辑填充"对话框，调整颜色填充、透明度、位置等具体参数，完成渐变填充。效果及颜色填充参数如图10-72所示。

图10-71

图10-72

使用工具箱中的"钢笔"工具 绘制出黑线，如图10-73所示。

图10-73

10.8 跑车前脸材质和细节表现

跑车前脸效果如图10-74所示。

图10-74

10.8.1 跑车前脸颜色及材质表现

使用工具箱中的"钢笔"工具 绘制出跑车前脸的轮廓，如图10-75所示，取消其轮廓线。使用"交互式填充工具" ，单击属性栏中的"渐变填充"按钮 （快捷键F11），打开渐变填充的"编辑填充"对话框，调整颜色填充、透明度、位置等具体参数，完成渐变填充。效果及颜色填充参数如图10-76所示。

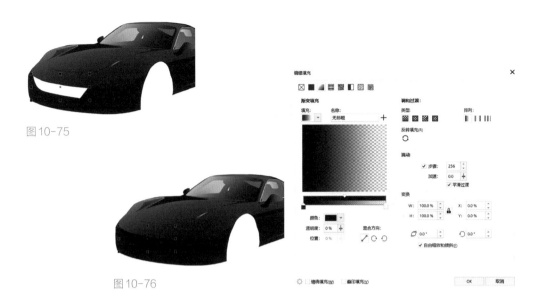

图 10-75

图 10-76

使用工具箱中的"钢笔"工具 ⑦ 绘制出跑车前脸的阴影部分轮廓，取消其轮廓线，使用"交互式填充工具" ⑧，单击属性栏中的"纯色填充"按钮 ■，或使用界面右侧调色板选择颜色进行填充，如图 10-77 所示。

图 10-77

使用工具箱中的"钢笔"工具 ⑦ 绘制出跑车前脸的高光部分轮廓，如图 10-78 所示，取消其轮廓线。使用"交互式填充工具" ⑧，单击属性栏中的"渐变填充"按钮 ■（快捷键 F11），打开渐变填充的"编辑填充"对话框，调整颜色填充、透明度、位置等具体参数，完成渐变填充。效果及颜色填充参数如图 10-79 所示。

图 10-78

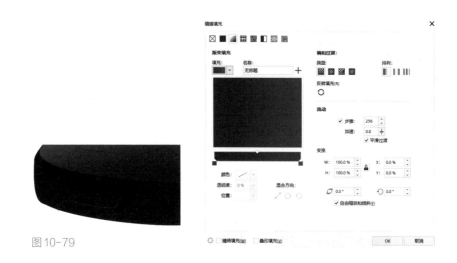

图 10-79

使用工具箱中的"钢笔"工具 ⬢ 绘制出跑车前脸左侧部分的高光轮廓,如图 10-80 所示,取消其轮廓线,使用"交互式填充工具" ⬧ ,单击属性栏中的"渐变填充"按钮 ⬛(快捷键 F11),打开渐变填充的"编辑填充"对话框,调整颜色填充、透明度、位置等具体参数,完成渐变填充。效果及颜色填充参数如图 10-81 所示。

图 10-80

图 10-81

使用工具箱中的"钢笔"工具 ⬢ 绘制出跑车前脸右侧部分的反光区域轮廓,如图 10-82 所示,取消其轮廓线。使用"交互式填充工具" ⬧ ,单击属性栏中的"渐变填充"按钮 ⬛(快捷键 F11),打开渐变填充的"编辑填充"对话框,调整颜色

填充、透明度、位置等具体参数，完成渐变填充。效果及颜色填充参数如图 10-83
所示。

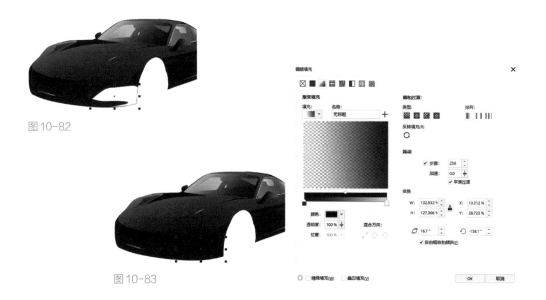

图 10-82

图 10-83

10.8.2　前脸部件材质及细节表现

跑车前脸部件如图 10-84 所示。

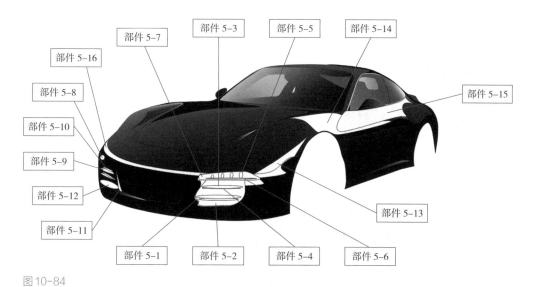

图 10-84

（1）跑车前脸部件5-1

使用工具箱中的"钢笔"工具 ⬢ 绘制出跑车前脸部件5-1的轮廓，取消其轮廓线。使用"交互式填充工具" ⬢，单击属性栏中的"纯色填充"按钮 ■，或使用界面右侧调色板选择颜色进行填充，如图10-85所示。

图10-85

（2）跑车前脸部件5-2

使用工具箱中的"钢笔"工具 ⬢ 绘制出跑车前脸部件5-2的轮廓，如图10-86所示，取消其轮廓线。使用"交互式填充工具" ⬢，单击属性栏中的"渐变填充"按钮 ■（快捷键F11），打开渐变填充的"编辑填充"对话框，调整颜色填充和具体参数，完成渐变填充。效果及颜色填充参数如图10-87所示。

图10-86

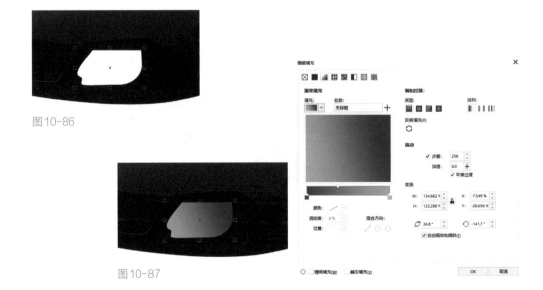

图10-87

选择跑车前脸部件5-2，复制并粘贴为一个相同的形状，选中其结构点，按住Shift键的同时，按住鼠标左键，进行等比缩放，调整其位置大小，如图10-88所示。使用"交互式填充工具"⬛，单击属性栏中的"渐变填充"按钮◣（快捷键F11），打开渐变填充的"编辑填充"对话框，调整颜色填充和具体参数，完成渐变填充。效果及颜色填充参数如图10-89所示。

图10-88

图10-89

再次选择跑车前脸部件5-2，复制并粘贴为一个相同的形状，调整其位置大小，如图10-90所示。使用"交互式填充工具"⬛，单击属性栏中的"渐变填充"按钮◣（快捷键F11），打开渐变填充的"编辑填充"对话框，调整颜色填充、透明度、位置等具体参数，完成渐变填充。效果及颜色填充参数如图10-91所示。

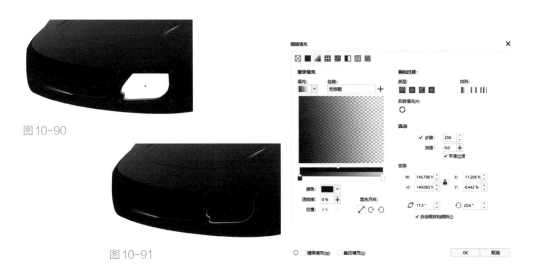

图10-90

图10-91

（3）跑车前脸部件5-3

使用工具箱中的"钢笔"工具 🖋 绘制出跑车前脸部件5-3的轮廓，取消其轮廓线。使用"交互式填充工具" 🖐，单击属性栏中的"纯色填充"按钮 ■，或使用界面右侧调色板选择颜色进行填充，如图10-92所示。

图10-92

（4）跑车前脸部件5-4

选择跑车前脸部件5-3，复制并粘贴为一个相同的形状，即跑车前脸部件5-4，选中其结构点，按住Shift键的同时，按住鼠标左键，进行等比缩放，调整其位置大小。使用"交互式填充工具" 🖐，单击属性栏中的"渐变填充"按钮 ▨（快捷键F11），打开渐变填充的"编辑填充"对话框，调整颜色填充和具体参数，完成渐变填充，如图10-93所示。

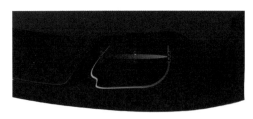
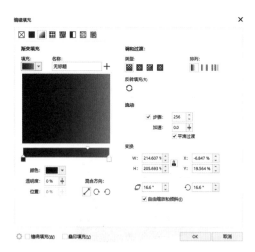

图10-93

参照上面的方法，完成好下面相同形状的绘制，如图10-94所示。

图10-94

（5）跑车前脸部件5-5

　　使用工具箱中的"三点椭圆形工具"　3点椭圆形(3)（长按鼠标左键，打开"椭圆工具" ○隐藏下的三点椭圆形工具），绘制出跑车前脸部件5-5的轮廓，取消其轮廓线。使用"交互式填充工具"　，单击属性栏中的"纯色填充"按钮■，或使用界面右侧调色板选择颜色进行颜色填充，如图10-95所示。

图10-95

　　使用"透明度工具"　，单击属性栏中的"渐变透明度"　，拉出渐变透明的方向，完成透明度的调整，如图10-96所示。

图10-96

（6）跑车前脸部件5-6

　　使用工具箱中的"钢笔"工具　绘制出跑车前脸5-6的轮廓，如图10-97所示，取消其轮廓线。使用"交互式填充工具"　，单击属性栏中的"渐变填充"按钮　（快捷键F11），打开渐变填充的"编辑填充"对话框，调整颜色填充、透明度、位置等具体参数，完成渐变填充。效果及颜色填充参数如图10-98所示。

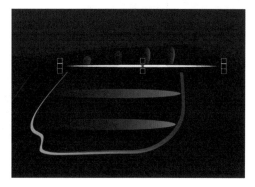

图10-97

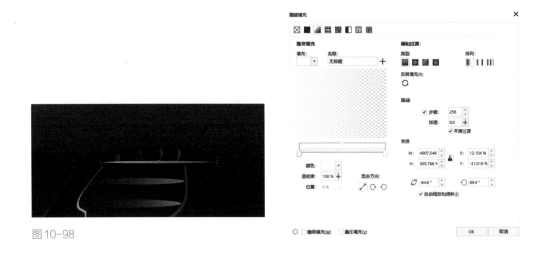

图10-98

（7）跑车前脸部件5-7

使用工具箱中的"钢笔"工具 ✐ 绘制出前脸部件5-7的轮廓，如图10-99所示，取消其轮廓线。使用"交互式填充工具" ◈，单击属性栏中的"渐变填充"按钮 ◢（快捷键F11），打开渐变填充的"编辑填充"对话框，调整颜色填充、透明度、位置等具体参数，完成渐变填充。效果及颜色填充参数如图10-100所示。

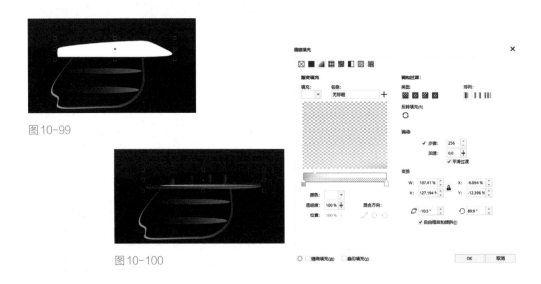

图10-99

图10-100

（8）跑车前脸部件5-8

使用工具箱中的"椭圆工具" ○ 绘制出跑车前脸部件5-8的轮廓，如图10-101所示，取消其轮廓线。使用"交互式填充工具" ◈，单击属性栏中的"渐变填充"按钮■（快捷键 F11），打开渐变填充的"编辑填充"对话框，调整颜色填充、透明度、位置等具体参数，完成渐变填充。效果及颜色填充参数如图 10-102 所示。

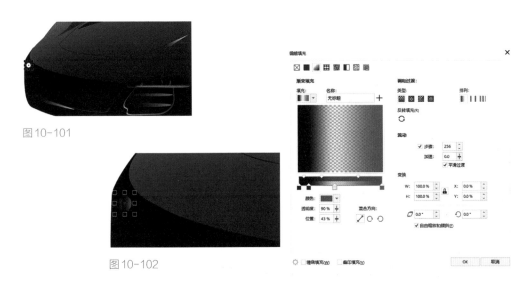

图 10-101

图 10-102

（9）跑车前脸部件 5-9

使用工具箱中的"三点椭圆形工具" 3 点椭圆形(3)（长按鼠标左键，打开"椭圆工具" 隐藏下的三点椭圆形工具），绘制出跑车前脸部件 5-9 的轮廓，如图 10-103 所示，取消其轮廓线。使用"交互式填充工具" ，单击属性栏中的"渐变填充"按钮■（快捷键 F11），打开渐变填充的"编辑填充"对话框，调整颜色填充、透明度、位置等具体参数，完成渐变填充。效果及颜色填充参数如图 10-104 所示。

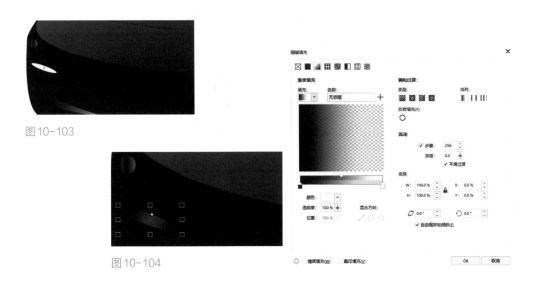

图 10-103

图 10-104

（10）跑车前脸部件5-10

使用工具箱中的"三点椭圆形工具" 3点椭圆形(3)（长按鼠标左键，打开"椭圆工具" 隐藏下的三点椭圆形工具），绘制出跑车前脸部件5-10的轮廓，如图10-105所示，取消其轮廓线。使用"交互式填充工具"，单击属性栏中的"渐变填充"按钮（快捷键F11），打开渐变填充的"编辑填充"对话框，调整颜色填充、透明度、位置等具体参数，完成渐变填充。效果及颜色填充参数如图10-106所示。

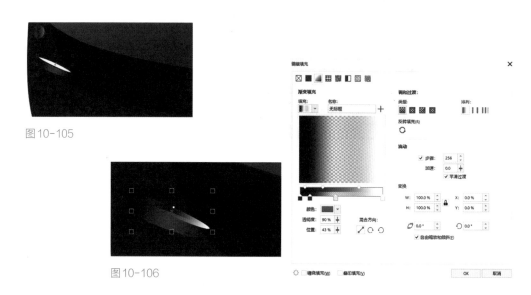

图10-105

图10-106

参照上面的方法，完成好下面相同形状的效果，如图10-107所示。

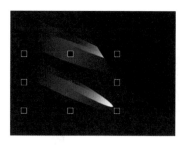

图10-107

（11）跑车前脸部件5-11

使用工具箱中的"钢笔"工具绘制出跑车前脸部件5-11的轮廓，如图10-108所示，取消其轮廓线。使用"交互式填充工具"，单击属性栏中的"渐变填充"按钮▣（快捷键F11），打开渐变填充的"编辑填充"对话框，调整颜色填充、透明度、位置等具体参数，完成渐变填充。效果及颜色填充参数如图10-109所示。

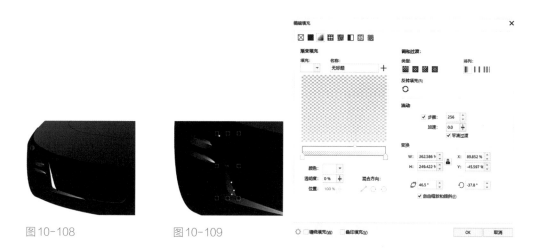

图10-108　　　　图10-109

（12）跑车前脸部件5-12

使用工具箱中的"三点椭圆形工具" 3点椭圆形(3)（长按鼠标左键，打开"椭圆工具"○隐藏下的三点椭圆形工具），绘制出跑车前脸部件5-12的轮廓，如图10-110所示，取消其轮廓线。使用"交互式填充工具"▣，单击属性栏中的"渐变填充"按钮▣（快捷键F11），打开渐变填充的"编辑填充"对话框，调整颜色填充、透明度、位置等具体参数，完成渐变填充。效果及颜色填充参数如图10-111所示。

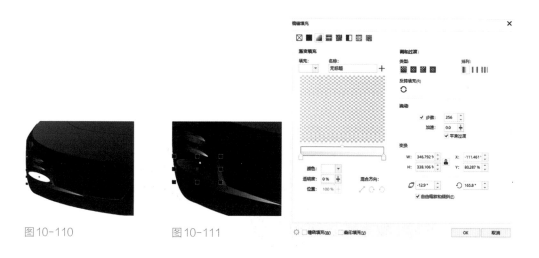

图10-110　　　　图10-111

（13）跑车前脸部件5-13

使用工具箱中的"钢笔"工具◎绘制出跑车前脸部件5-13反光区域的轮廓，如图10-112所示，取消其轮廓线。使用"交互式填充工具"◎，单击属性栏中的"渐变填充"按钮■（快捷键F11），打开渐变填充的"编辑填充"对话框，调整颜色填充、透明度、位置等具体参数，完成渐变填充。效果及颜色填充参数如图10-113所示。

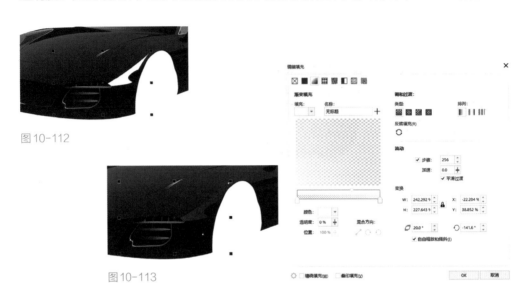

图10-112

图10-113

（14）跑车前脸部件5-14

使用工具箱中的"钢笔"工具◎绘制出跑车前脸部件5-14反光区域的轮廓，如图10-114所示，取消其轮廓线。使用"交互式填充工具"◎，单击属性栏中的"渐变填充"按钮■（快捷键F11），打开渐变填充的"编辑填充"对话框，调整颜色填充、透明度、位置等具体参数，完成渐变填充。效果及颜色填充参数如图10-115所示。

图10-114

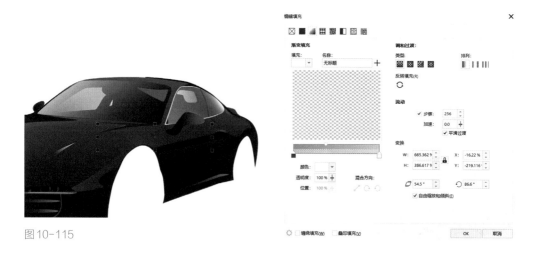

图 10-115

（15）跑车前脸部件5-15

　　使用工具箱中的"钢笔"工具 绘制出跑车前脸部件5-15反光区域的轮廓，如图 10-116所示，取消其轮廓线。使用"交互式填充工具" ，单击属性栏中的"渐变填充"按钮 （快捷键 F11），打开渐变填充的"编辑填充"对话框，调整颜色填充、透明度、位置等具体参数，完成渐变填充。效果及颜色填充参数如图 10-117所示。

图 10-116

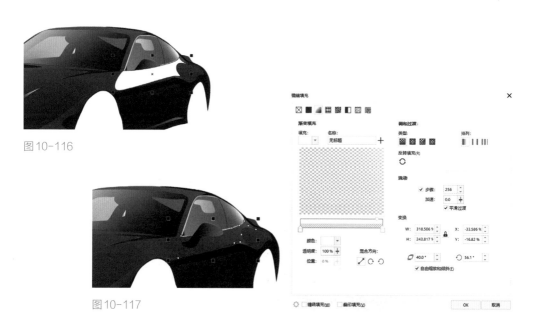

图 10-117

（16）跑车前脸部件5-16

使用工具箱中的"钢笔"工具□绘制出跑车前脸部件5-16的轮廓，如图10-118所示，取消其轮廓线。使用"交互式填充工具"□，单击属性栏中的"渐变填充"按钮□（快捷键F11），打开渐变填充的"编辑填充"对话框，调整颜色填充、透明度、位置等具体参数，完成渐变填充。效果及颜色填充参数如图10-119所示。

图10-118

图10-119

10.9 跑车车灯材质和细节表现

跑车车灯效果如图10-120所示。

图10-120

10.9.1　跑车车灯颜色及材质表现

使用工具箱中的"三点椭圆形工具" 3 点椭圆形(3) （长按鼠标左键，打开"椭圆工具" 隐藏下的三点椭圆形工具），绘制出跑车车灯主体轮廓，如图 10-121 所示，取消其轮廓线。使用"交互式填充工具" ，单击属性栏中的"渐变填充"按钮 （快捷键 F11），打开渐变填充的"编辑填充"对话框，调整颜色填充和具体参数，完成渐变填充。效果及颜色填充参数如图 10-122 所示。

图 10-121

图 10-122

选择车灯主体形状，单击菜单栏中的"位图"命令按钮，选择下面的子命令"转换为位图"按钮，将车灯形状部分矢量图形转换为位图。单击菜单栏中的"效果"命令按钮，选择下面的子命令"杂点"按钮，选择"添加杂点"按钮。效果及具体参数如图 10-123~图 10-125 所示。

图 10-123

图 10-124　　　　　　　　　　　　　　　　　　图 10-125

　　选择车灯主体形状，复制并粘贴为一个相同的形状，选中结构点，按住 Shift 键的同时，按住鼠标左键，进行等比缩放，调整其大小位置。使用"交互式填充工具"，单击属性栏中的"纯色填充"按钮 ■，或使用界面右侧调色板选择颜色进行填充，如图 10-126 所示。

图 10-126

　　再次选择车灯主体形状，复制并粘贴为一个相同的形状，调整其大小和位置，如图 10-127 所示。使用"交互式填充工具"，单击属性栏中的"渐变填充"按钮 ■（快捷键 F11），打开渐变填充的"编辑填充"对话框，调整颜色填充和具体参数，完成渐变填充。效果及颜色填充参数如图 10-128 所示。

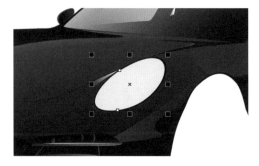

图 10-127

图 10-128

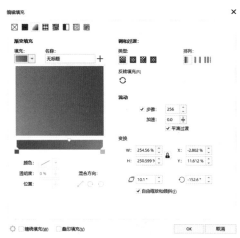

选择车灯形状，单击菜单栏中的"位图"命令按钮，选择下面的子命令"转换为位图"按钮，将车灯形状部分矢量图形转换为位图。单击菜单栏中的"效果"命令按钮，选择下面的子命令"杂点"按钮，再选择"添加杂点"按钮。效果及具体参数如图 10-129~图 10-131 所示。

图 10-129

图 10-130

图 10-131

第三次选择车灯主体形状，复制并粘贴为一个相同的形状，调整其大小和位置，如图 10-132 所示。使用"交互式填充工具" ，单击属性栏中的"渐变填充"按钮 （快捷键 F11），打开渐变填充的"编辑填充"对话框，调整颜色填充和具体参数，完成渐变填充。效果及颜色填充参数如图10-133所示。

图10-132

图10-133

选择车灯形状，单击菜单栏中的"位图"命令按钮，选择下面的子命令"转换为位图"按钮，将车灯形状部分矢量图形转换为位图。单击菜单栏中的"效果"命令按钮，选择下面的子命令"杂点"按钮，再选择"添加杂点"按钮。效果及具体参数如图10-134~图10-136所示。

图10-134

图10-135

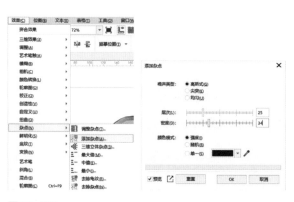

图10-136

10.9.2　车灯部件材质及细节表现

车灯部件如图 10-137 所示。

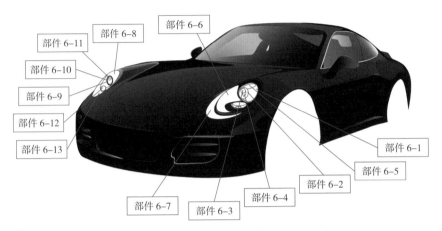

图10-137

（1）车灯部件6-1

使用工具箱中的"三点椭圆形工具" 3点椭圆形(3)（长按鼠标左键，打开"椭圆工具" ○ 隐藏下的三点椭圆形工具），绘制出车灯部件6-1的轮廓，并用"形状"工具 选中图形节点，调整图形中的线条。使用"交互式填充工具" ，单击属性栏中的"纯色填充"按钮■，或使用界面右侧调色板选择颜色进行填充，如图10-138所示。

图10-138

选择车灯部件6-1，复制并粘贴为一个相同的形状，选中结构点，按住Shift键的同时，按住鼠标左键，进行等比缩放，调整其大小位置，如图10-139所示。使用"交互式填充工具" ，单击属性栏中的"渐变填充"按钮■（快捷键F11），打开渐变填充的"编辑填充"对话框，调整颜色填充和具体参数，完成渐变填充。效果及颜色填充参数如图10-140所示。

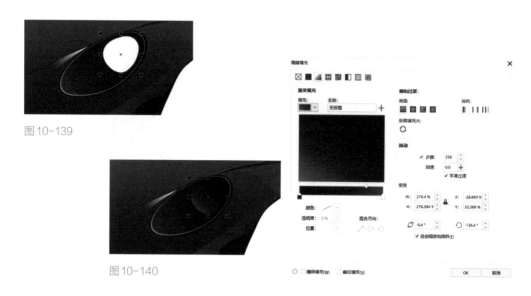

图10-139

图10-140

再次选择车灯部件6-1，复制并粘贴为一个相同的形状，调整其大小位置，如图10-141所示。使用"交互式填充工具" ，单击属性栏中的"渐变填充"按钮 （快捷键F11），打开渐变填充的"编辑填充"对话框，调整颜色填充和具体参数，完成渐变填充。效果及颜色填充参数如图10-142所示。

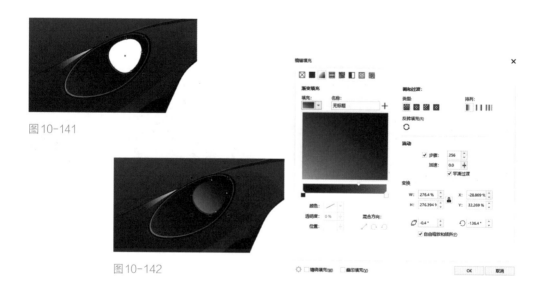

图10-141

图10-142

（2）车灯部件6-2

　　使用工具箱中的"三点椭圆形工具" 3点椭圆形(3) （长按鼠标左键，打开"椭圆工具" ○隐藏下的三点椭圆形工具），绘制出车灯部件6-2的轮廓，取消其轮廓线，使用"交互式填充工具" ，单击属性栏中的"纯色填充"按钮 ■，或使用界面右侧调色板选择颜色进行填充，如图10-143所示。

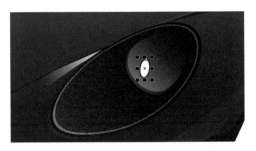

图10-143

（3）车灯部件6-3

　　使用工具箱中的"三点椭圆形工具" 3点椭圆形(3) （长按鼠标左键，打开"椭圆工具" ○隐藏下的三点椭圆形工具），绘制出车灯部件6-3的轮廓，如图10-144所示，取消其轮廓线。使用"交互式填充工具" ，单击属性栏中的"渐变填充"按钮 （快捷键F11），打开渐变填充的"编辑填充"对话框，调整颜色填充、透明度、位置等具体参数，完成渐变填充。效果及颜色填充参数如图10-145所示。

图10-144

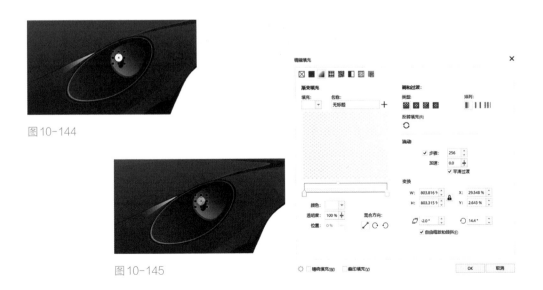

图10-145

（4）车灯部件6-4

使用工具箱中的"三点椭圆形工具" 3点椭圆形(3)（长按鼠标左键，打开"椭圆工具" ○ 隐藏下的三点椭圆形工具），绘制出车灯部件6-4的轮廓，如图10-146所示，取消其轮廓线。使用"交互式填充工具" ，单击属性栏中的"渐变填充"按钮 （快捷键F11），打开渐变填充的"编辑填充"对话框，调整颜色填充和具体参数，完成渐变填充。效果及颜色填充参数如图10-147所示。

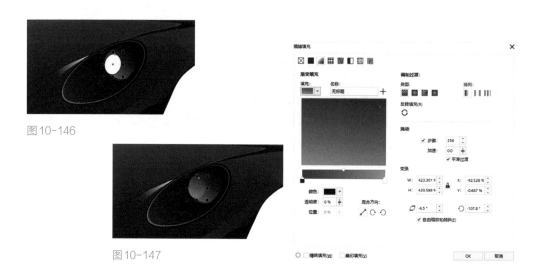

图 10-146

图 10-147

调整其位置，把它放到下面一层，如图10-148所示。

图 10-148

（5）车灯部件6-5

使用工具箱中的"三点椭圆形工具" 3点椭圆形(3)（长按鼠标左键，打开"椭圆工具" ○ 隐藏下的三点椭圆形工具），绘制出车灯部件6-5的轮廓，如图10-149所示，取消其轮廓线。使用"交互式填充工具" ，单击属性栏中的"渐变填充"按钮 （快捷键F11），打开渐变填充的"编辑填充"对话框，调整颜色填充、透明度、位置等具体参数，完成渐变填充。效果及颜色填充参数如图10-150所示。

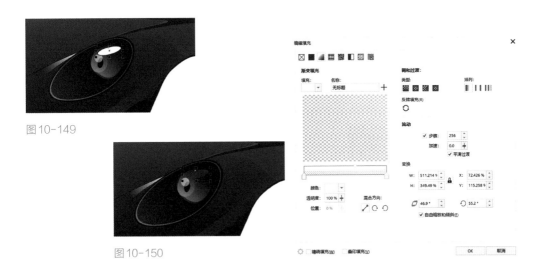

图10-149

图10-150

参照上面的方法，完成下面类似形状的效果，如图10-151所示。

图10-151

（6）车灯部件6-6

使用工具箱中的"钢笔"工具 🖉 绘制出车灯部件6-6的轮廓，取消其轮廓线。使用"交互式填充工具" 🖎，使用"交互式填充工具" 🖎，单击属性栏中的"纯色填充"按钮 ■，或使用界面右侧调色板选择颜色进行填充，如图10-152所示。

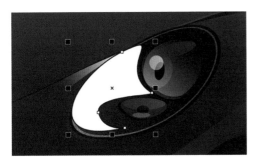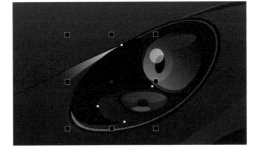

图10-152

选择车灯部件6-1，复制并粘贴为一个相同位置，相同大小的形状，如图10-153所示，取消其轮廓线。使用"交互式填充工具" ，单击属性栏中的"渐变填充"按钮 （快捷键F11），打开渐变填充的"编辑填充"对话框，调整颜色填充、透明度、位置等具体参数，完成渐变填充。效果及颜色填充参数如图10-154所示。

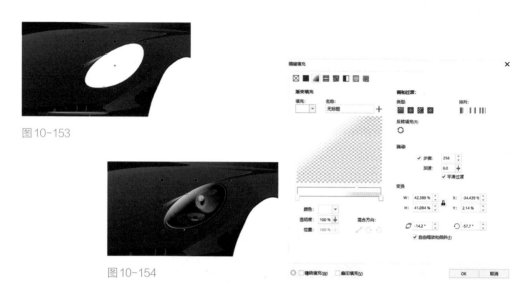

图10-153

图10-154

单击菜单栏中的"位图"命令按钮，选择下面的子命令"转换为位图"按钮，将车灯形状部分矢量图形转换为位图。单击菜单栏中的"效果"命令按钮，选择下面的子命令"杂点"按钮，再选择"添加杂点"按钮。效果及具体参数如图10-155~图10-157所示。

图10-155

图10-156

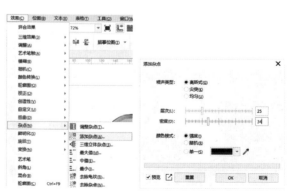

图10-157

（7）车灯部件6–7

使用工具箱中的"三点椭圆形工具" 🚗 3点椭圆形⑶（长按鼠标左键，打开"椭圆工具" ○ 隐藏下的三点椭圆形工具），绘制出车灯部件6–7的轮廓，如图10-158所示，取消其轮廓线。使用"交互式填充工具" ◢，单击属性栏中的"渐变填充"按钮 ◢（快捷键F11），打开渐变填充的"编辑填充"对话框，调整颜色填充和具体参数，完成渐变填充。效果及颜色填充参数如图10-159所示。

图10-158

图10-159

调整图形顺序，并使用工具箱中的"钢笔"工具 🖊 绘制出黑线，如图10-160所示。

图10-160

（8）车灯部件6–8

使用工具箱中的"钢笔"工具 🖊 绘制出车灯部件6–8轮廓，如图10-161所示，取消其轮廓线。使用"交互式填充工具" ◢，单击属性栏中的"渐变填充"按钮 ◢

（快捷键F11），打开渐变填充的"编辑填充"对话框，调整颜色填充、透明度、位置等具体参数，完成渐变填充。效果及颜色填充参数如图10-162所示。

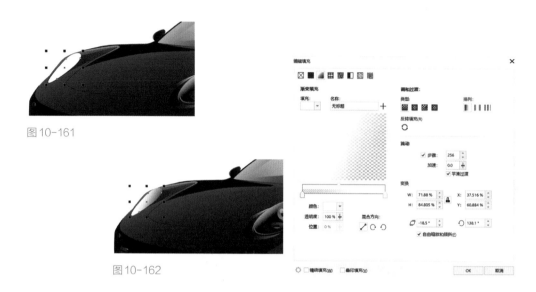

图 10-161

图 10-162

（9）车灯部件6-9

使用工具箱中的"钢笔"工具 绘制出车灯部件6-9的轮廓，如图10-163所示，取消其轮廓线。使用"交互式填充工具" ，单击属性栏中的"渐变填充"按钮 （快捷键F11），打开渐变填充的"编辑填充"对话框，调整颜色填充和具体参数，完成渐变填充。效果及颜色填充参数如图10-164所示。

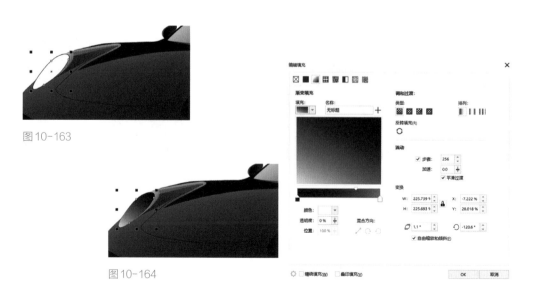

图 10-163

图 10-164

（10）车灯部件6-10

使用工具箱中的"三点椭圆形工具" <img_1> ₃点椭圆形(3)（长按鼠标左键，打开"椭圆工具"○隐藏下的三点椭圆形工具），绘制出车灯部件6-10的轮廓，如图10-165所示，取消其轮廓线。使用"交互式填充工具" ，单击属性栏中的"渐变填充"按钮 （快捷键F11），打开渐变填充的"编辑填充"对话框，调整颜色填充和具体参数，完成渐变填充。效果及颜色填充参数如图10-166所示。

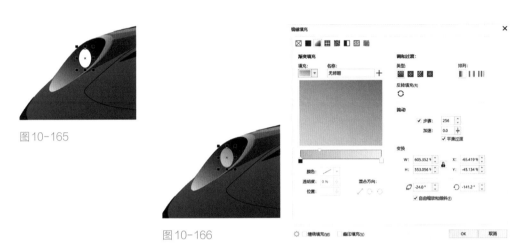

图10-165

图10-166

选择车灯部件6-10，复制并粘贴为一个相同的形状，选中结构点，按住Shift键的同时，按住鼠标左键，进行等比缩放，调整其大小位置，如图10-167所示。使用"交互式填充工具" ，单击属性栏中的"渐变填充"按钮 （快捷键F11），打开渐变填充的"编辑填充"对话框，调整颜色填充和具体参数，完成渐变填充。效果及颜色填充参数如图10-168所示。

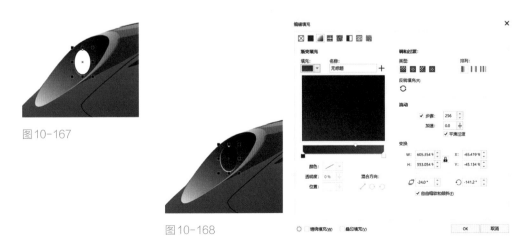

图10-167

图10-168

再次选择车灯部件6-10，复制并粘贴为一个相同的形状，调整其位置大小。使用"交互式填充工具" ，单击属性栏中的"纯色填充"按钮 ，或使用界面右侧调色板选择颜色进行填充。如图10-169所示。

图10-169

第三次选择车灯部件6-10，复制并粘贴为一个相同的形状，调整其位置大小，如图10-170所示。使用"交互式填充工具" ，单击属性栏中的"渐变填充"按钮 （快捷键F11），打开渐变填充的"编辑填充"对话框，调整颜色填充和具体参数，完成渐变填充。效果及颜色填充参数如图10-171所示。

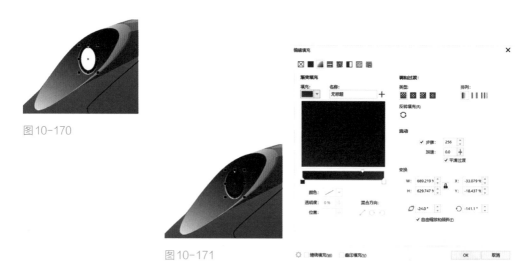

图10-170

图10-171

（11）车灯部件6-11

使用工具箱中的"三点椭圆形工具" 3点椭圆形(3)（长按鼠标左键，打开"椭圆工具" 隐藏下的三点椭圆形工具），绘制出车灯部件6-11的轮廓，取消其轮廓线。使用"交互式填充工具" ，单击属性栏中的"纯色填充"按钮 ，或使用界面右侧调色板选择颜色进行填充，如图10-172所示。

图10-172

（12）车灯部件6-12

　　使用工具箱中的"钢笔"工具 🖋 绘制出车灯部件6-12的轮廓，如图10-173所示，取消其轮廓线。使用"交互式填充工具" ◈，单击属性栏中的"渐变填充"按钮 ◼（快捷键F11），打开渐变填充的"编辑填充"对话框，调整颜色填充和具体参数，完成渐变填充。效果及颜色填充参数如图10-174所示。

图10-173

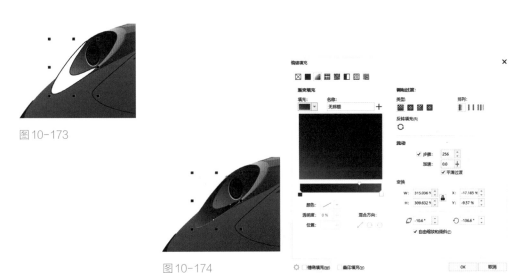

图10-174

（13）车灯部件6-13

　　使用工具箱中的"三点椭圆形工具" 🔾 **3 点椭圆形⑶**（长按鼠标左键，打开"椭圆工具" 🔾 隐藏下的三点椭圆形工具），绘制出车灯部件6-13的轮廓，如图10-175所示，取消其轮廓线。使用"交互式填充工具" ◈，单击属性栏中的"渐变填充"按钮 ◼（快捷键F11），打开渐变填充的"编辑填充"对话框，调整颜色填充和具体参数，完成渐变填充。效果及颜色填充参数如图10-176所示。

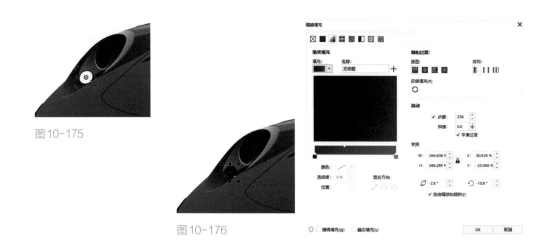

图 10-175

图 10-176

选择车灯部件6-13，复制并粘贴为一个相同的形状，选中结构点，按住Shift键的同时，按住鼠标左键，进行等比缩放，调整其大小位置，如图10-177所示。使用"交互式填充工具" ，单击属性栏中的"渐变填充"按钮 （快捷键F11），打开渐变填充的"编辑填充"对话框，调整颜色填充和具体参数，完成渐变填充。效果及颜色填充参数如图10-178所示。

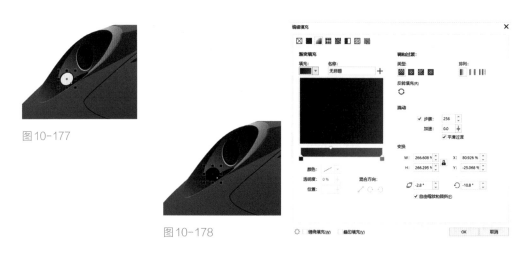

图 10-177

图 10-178

使用工具箱中的"钢笔"工具 绘制出车灯部件顶部轮廓，如图10-179所示。使用"交互式填充工具" ，单击属性栏中的"渐变填充"按钮 （快捷键F11），打开渐变填充的"编辑填充"对话框，调整颜色填充、透明度、位置等具体参数，完成渐变填充。效果及颜色填充参数如图10-180所示。

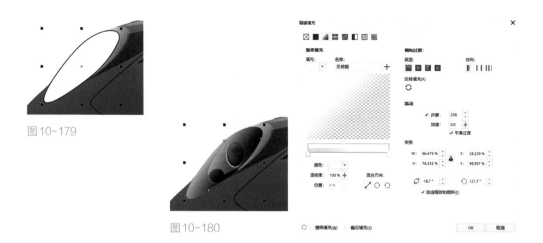

图 10-179

图 10-180

10.10　跑车轮胎材质和细节表现

跑车轮胎效果如图 10-181 所示。

图 10-181

10.10.1　跑车轮胎颜色及材质表现

使用工具箱中的"钢笔"工具 ⬧ 绘制出挡泥板轮廓。使用"交互式填充工具" ⬧，单击属性栏中的"纯色填充"按钮 ■，或使用界面右侧调色板选择颜色进行颜色填充，如图 10-182 所示。

图 10-182

使用工具箱中的"椭圆工具" ○，
绘制出轮胎主体的轮廓，使用属性栏
中的"转换为曲线" ⚲按钮（或使用
快捷键Ctrl+Q），调整图形中线条的弧
度，取消其轮廓线。使用"交互式填充
工具" ◙，单击属性栏中的"纯色填充"
按钮 ■，或使用界面右侧调色板选择颜
色进行填充，如图10-183所示。

图10-183

选择轮胎主体形状，复制并粘贴
为一个相同的形状，选中结构点，按住
Shift键的同时，按住鼠标左键，进行等
比缩放，调整其大小位置。使用"交互
式填充工具" ◙，单击属性栏中的"纯
色填充"按钮 ■，或使用界面右侧调
色板选择颜色进行填充，如图10-184
所示。

图10-184

再次选择轮胎主体形状，复制并粘
贴为一个相同的形状，调整其大小位置，
使用"交互式填充工具" ◙，单击属性
栏中的"纯色填充"按钮 ■，或使用界
面右侧调色板选择颜色进行颜色填充，
如图10-185所示。

图10-185

选择轮胎主体形状，复制并粘贴一个相同的形状为轮毂，调整其大小位置，如
图10-186所示。使用"交互式填充工具" ◙，单击属性栏中的"渐变填充"按钮 ◢
（快捷键F11），打开渐变填充的"编辑填充"对话框，调整颜色填充和具体参数，完
成渐变填充。效果及颜色填充参数如图10-187所示。

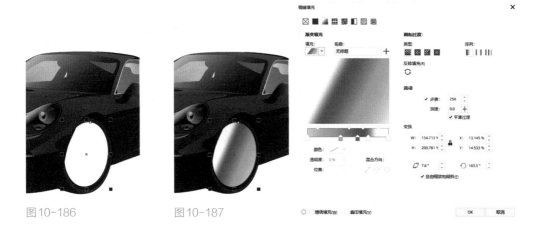

图 10-186　　　　　　图 10-187

　　选择轮毂形状，复制并粘贴为一个相同的形状，调整其大小位置。使用"交互式填充工具" 🖐️，单击属性栏中的"纯色填充"按钮 ■，或使用界面右侧调色板选择颜色进行颜色填充，如图 10-188 所示。

　　再次选择轮毂形状，复制并粘贴为一个相同的形状，调整其大小位置，如图 10-189 所示。使用"交互式填充工具" 🖐️，单击属性栏中的"渐变填充"按钮 ■（快捷键 F11），打开渐变填充的"编辑填充"对话框，调整颜色填充和具体参数，完成渐变填充。效果及颜色填充参数如图 10-190 所示。

图 10-188

图 10-189　　　　　　图 10-190

选择轮毂形状，复制并粘贴一个相同的形状为轮毂细节形状，调整其大小位置。使用"交互式填充工具"，单击属性栏中的"纯色填充"按钮■，或使用界面右侧调色板选择颜色进行填充，如图10-191所示。

图10-191

选择轮毂细节形状，复制并粘贴为一个相同的形状，调整其大小位置，如图10-192所示。使用"交互式填充工具"，单击属性栏中的"渐变填充"

按钮■（快捷键F11），打开渐变填充的"编辑填充"对话框，调整颜色填充和具体参数，完成渐变填充。效果及颜色填充参数如图10-193所示。

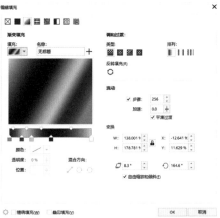

图10-192   图10-193

再次选择轮毂细节形状，复制并粘贴为一个相同的形状，调整其大小位置。使用"交互式填充工具"，单击属性栏中的"纯色填充"按钮■，或使用界面右侧调色板选择颜色进行填充，如图10-194所示。

图10-194

10.10.2　轮毂部件材质及细节表现

轮毂部件如图 10-195 所示。

图 10-195

（1）轮毂部件 7-1

　　使用工具箱中的"钢笔"工具 ◢ 绘制出轮毂部件 7-1 的轮廓，如图 10-196 所示，取消其轮廓线。使用"交互式填充工具" ◢，单击属性栏中的"渐变填充"

按钮 ◢（快捷键 F11），打开渐变填充的"编辑填充"对话框，调整颜色填充和具体参数，完成渐变填充。效果及颜色填充参数如图 10-197 所示。

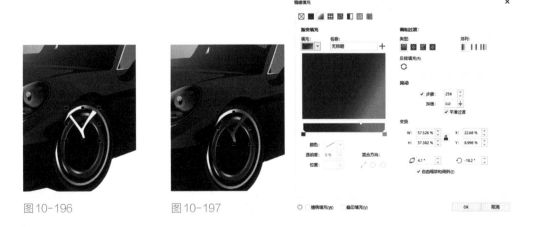

图 10-196　　　　图 10-197

　　选择轮毂部件 7-1，复制并粘贴为一个相同的形状，选中结构点，按住 Shift 键的同时，按住鼠标左键，进行等比缩放，调整其大小位置，如

图 10-198 所示。使用"交互式填充工具" ◢，单击属性栏中的"渐变填充"按钮 ◢（快捷键 F11），打开渐变填充的"编辑填充"对话框，调整颜色填充和具

体参数，完成渐变填充。效果及颜色填充参数如图10-199所示。

图10-198

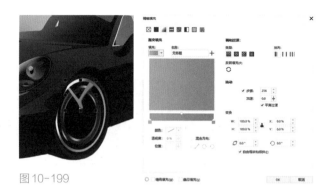

图10-199

参照上面的方法，完成其他类似形状的效果，如图10-200所示。

（2）轮毂部件7-2

使用工具箱中的"三点椭圆形工具" 3点椭圆形(3)（长按鼠标左键，打开"椭圆工具" 隐藏下的三点椭圆形工具），绘制出轮毂部件7-2的轮廓。使用属性栏中的"转换为曲线" 按钮（或使用快捷键Ctrl+Q），调整图形中线条的弧度，取消其轮廓线。使用"交互式填充工具" ，单击属性栏中的"纯色填充"按钮 ，或使用界面右侧调色板选择颜色进行填充，如图10-201所示。

图10-200

选择轮毂部件7-2，复制并粘贴为一个相同的形状，选中结构点，按住Shift键的同时，按住鼠标左键，进行等比缩放，调整其大小位置。使用"交互式填充工具" ，单击属性栏中的"纯色填充"按钮 ，或使用界面右侧调色板选择颜色进行填充，如图10-202所示。

再次选择轮毂部件7-2，复制并粘贴为一个相同的形状，调整其大小位置，

图10-201

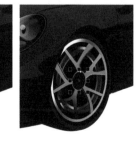

图10-202

如图 10-203 所示。使用"交互式填充工具"，单击属性栏中的"渐变填充"按钮 （快捷键 F11），打开渐变填充的"编辑填充"对话框，调整颜色填充和具体参数，完成渐变填充。效果及颜色填充参数如图 10-204 所示。

图 10-203　　　　　图 10-204

第三次选择轮毂部件 7-2，复制并粘贴为一个相同的形状，调整其大小位置，如图 10-205 所示。使用"交互式填充工具"，单击属性栏中的"渐变填充"按钮 （快捷键 F11），打开渐变填充的"编辑填充"对话框，调整颜色填充和具体参数，完成渐变填充。效果及颜色填充参数如图 10-206 所示。

图 10-205　　　　　图 10-206

（3）轮毂部件 7-3

选择轮毂部件 7-2，复制并粘贴一个相同的形状，即为轮毂部件 7-3，调整其大小位置，如图 10-207 所示。使用"交互式填充工具"，单击属性栏中的"渐变填充"按钮 （快捷键 F11），打开渐变填充的"编辑填充"对话框，调整颜色填充和具体参数，完成渐变填充。效果及颜色填充参数如图 10-208 所示。

图 10-207

图 10-208

选择轮毂部件 7-3，复制并粘贴为一个相同的形状，调整其大小位置。使用"交互式填充工具"，单击属性栏中的"纯色填充"按钮■，或使用界面右侧调色板选择颜色进行填充，如图10-209所示。

图 10-209

（4）轮毂部件 7-4

使用工具箱中的"三点椭圆形工具" **3 点椭圆形(3)**（长按鼠标左键，打开"椭圆工具"隐藏下的三点椭圆形工具），绘制出轮胎部件 7-4 的轮廓，使用属性栏中的"转换为曲线" 按钮（或使用快捷键 Ctrl+Q），调整图形中线条的弧度，如图 10-210 所示，取消其轮廓线。使用"交互式填充工具"，单击属性栏中的"渐变填充"按钮（快捷键 F11），打开渐变填充的"编辑填充"对话框，调整颜色填充和具体参数，完成渐变填充。效果及颜色填充参数如图 10-211 所示。

图 10-210

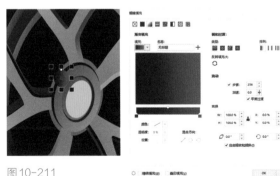

图 10-211

　　选择轮毂部件7-4，复制并粘贴为一个相同的形状，选中结构点，按住Shift键的同时，按住鼠标左键，进行等比缩放，调整其大小位置，如图10-212所示。使用"交互式填充工具"，单击属性栏中的"渐变填充"按钮（快捷键F11），打开渐变填充的"编辑填充"对话框，调整颜色填充和具体参数，完成渐变填充。效果及颜色填充参数如图10-213所示。

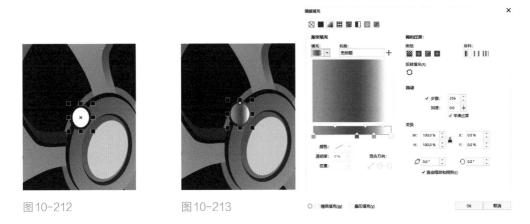

图10-212　　　　　　图10-213

　　再次选择轮毂部件7-4，复制并粘贴为一个相同的形状，调整其大小位置，如图10-214所示。使用"交互式填充工具"，单击属性栏中的"渐变填充"按钮（快捷键F11），打开渐变填充的"编辑填充"对话框，调整颜色填充和具体参数，完成渐变填充。效果及颜色填充参数如图10-215所示。

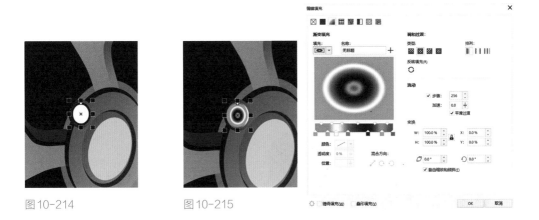

图10-214　　　　　　图10-215

参照上面的方法，完成下面类似形状的效果，如图10-216所示。

参照绘制前面轮胎的方法，完成后面轮胎的效果，如图10-217所示。

图10-216   图10-217

使用工具箱中的"钢笔"工具绘制跑车阴影轮廓，如图10-218所示，取消其轮廓线。使用"交互式填充工具"，单击属性栏中的"渐变填充"按钮（快捷键F11），打开渐变填充的"编辑填充"对话框，调整颜色填充和具体参数，完成渐变填充。效果及颜色填充参数如图10-219所示。

图10-218

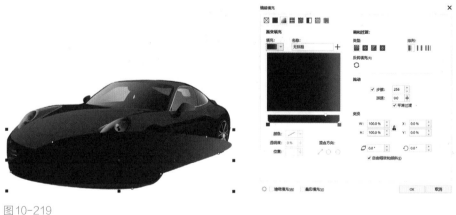

图10-219

调整阴影的顺序，最终效果如图 10-220 所示。

图 10-220